U0113435

Android 应用程序安全

[美] Pragati Ogal Rai　著

秦双夏　罗平章　李远明　译

清华大学出版社

北　京

内 容 简 介

本书详细阐述了与 Android 移动应用程序安全相关的基本解决方案，主要包括 Android 安全模型、应用程序构建模块、权限、定义应用程序的策略文件、加密 API、应用程序数据安全、Android 在企业的运用、安全测试等内容。此外，本书还提供了相应的示例、代码，以帮助读者进一步理解相关方案的实现过程。

本书适合作为高等院校计算机及相关专业的教材和教学参考书，也可作为相关开发人员的自学教材和参考手册。

图书在版编目（CIP）数据

Android 应用程序安全/（美）普拉加蒂·欧加尔·拉伊（Pragati Ogal Rai）著；秦双夏，罗平章，李远明译. —北京：清华大学出版社，2016

书名原文：Android Application Security Essentials

ISBN 978-7-302-43984-4

Ⅰ. ①A… Ⅱ. ①普… ②秦… ③罗… ④李… Ⅲ. ①移动终端-应用程序-程序设计-安全技术 Ⅳ. ①TN929.53

中国版本图书馆 CIP 数据核字（2016）第 121882 号

责任编辑：钟志芳
封面设计：刘　超
版式设计：魏　远
责任校对：王　云
责任印制：杨　艳

出版发行：清华大学出版社
　　　　　网　　　址：http://www.tup.com.cn，http://www.wqbook.com
　　　　　地　　　址：北京清华大学学研大厦 A 座　　　邮　　编：100084
　　　　　社 总 机：010-62770175　　　　　　　　　　邮　　购：010-62786544
　　　　　投稿与读者服务：010-62776969，c-service@tup.tsinghua.edu.cn
　　　　　质 量 反 馈：010-62772015，zhiliang@tup.tsinghua.edu.cn
印 装 者：清华大学印刷厂
经　　销：全国新华书店
开　　本：185mm×230mm　　　印　张：10.75　　　字　数：221 千字
版　　次：2016 年 6 月第 1 版　　　　　　　印　次：2016 年 6 月第 1 次印刷
印　　数：1～3000
定　　价：49.00 元

产品编号：061190-01

译　者　序

2009 年，世界上第一部 Android 手机诞生并搭载了 Android 系统。Android 系统是一个多用户、多任务、开源的操作系统，这极大地激发了开发者对基于 Android 系统应用的创新实践能力，同时，开源也带来了一些安全方面的问题。

本书结合实际操作的例子、图表和日常使用情况，深入研究从内核级到应用程序级的 Android 安全，并向读者展示如何保护 Android 应用程序和数据安全。通过本书，作者向读者展示了 Android 堆的整体安全架构，利用权限、安全加密等方法保护应用程序组件，让读者和开发者在今后的应用程序开发中，加强安全意识，保护应用程序和数据安全。

本书是一本较为全面的介绍从内核级到应用程序级，从 Android 安全模型、应用程序构建、权限、定义应用程序策略文件到保护用户隐私、加密算法等方面 Android 安全的书。读者在开发和编写应用程序时，可将本书作为参考。

本书的翻译由秦双夏组织完成，参与本书翻译的还有罗平章、李远明、吴骅、杨莉灵、王学昌、周娟、刘红军、王玲、郑正正、莫鸿强等，感谢这些同行。由于水平有限，译文中的不当之处在所难免，恳请同行及各位读者朋友不吝赐教。

译　者

序　言

20 世纪世纪 90 年代初，作者刚开始在 GO 公司工作时，当时最先进的移动计算机是一个 8 磅重、尺寸如剪贴板大小的设备，它的电池寿命极短，可以配备 9600 波特的调制解调器。不过，驱动这种设备的设想如今可以在最新安卓和 iOS 设备上很轻易地被实现：即期望拥有一种综合的、以任务为中心的无缝对接的计算平台。而在当时，我们认为这一设想将是拥有"从沙滩给某个人发送传真"的能力。后来，在 AOL 开发 AIM 过程当中（即时通信客户端服务，作为 iPhone App Store 2008 年首发软件之一），这一设想已逐渐成为了现实。但即便在那个时候（也就在几年前），我们当时也不可能预测到这些设备和其催生的应用程序生态系统会对我们的日常生活产生何等巨大的影响。

如今，移动设备无处不在。它们为我们提供娱乐，帮助我们打发闲暇时光；当然，也帮助我们保持联系（通过收发传真保持联系也许不常用）。由 Google 推出的 Android 操作系统是这一革新背后的推动力之一，这一操作系统已被数以百计的设备供应商所采用，并安装在全球近十亿的设备上。但是，随着这些移动设备遍及我们生活的方方面面，保持设备和其用户的安全就变得至关重要。这正是本书如此重要的所在。

相比移动设备，病毒、木马和恶意软件可能还是更流行于桌面平台环境。但手机市场的增长意味着恶意软件的大幅上涨，反病毒厂商 Kaspersky 报告每个月检测到数以千计的新程序。今天的智能手机和平板电脑对于潜在的攻击者而言，等同于一个不可抗拒的蜜罐，个人信息、财务数据、密码和社交图谱，甚至是最新的位置定位数据，对于消费者而言这些设备的一切宝贵之处也成为恶作剧和数据窃贼的诱人目标。作为开发人员，管理好用户信息是应有的责任。Android 系统的开放性和集成性意味着我们每个人要各尽其责以确保应用程序和服务的安全，这一点尤为重要。

安全不能只当作可有可无的选项，或进行事后弥补。它必须成为程序设计的一部分，始终贯穿应用程序的执行过程。我相信本书作者 Pragati Ogal Rai 必定深谙此理，因为她从操作系统和应用程序开发者两个角度解决过安全问题，所以正是撰写此书的不二人选。她能总览 Android 系统全局（从设备到内核，再到应用程序），并提出清晰可行的操作步骤，供开发人员依循，以保护应用程序和数据的安全。同时，作者亦提供源代码作为使用的示例，以及测试其有效性的方法。此外，作者并不局限于比特和字节的基础层面，进一步探索能平衡开发者使用个人信息和用户保护个人信息两种愿望的安全策略和最佳做法。

功能强大的移动设备与无处不在的社交媒体相结合，具有传输、存储和消费大量数据的能力，在论及手机安全性时这给每个人增加了风险。但是，安全就像我们所呼吸的空气，直到它消失我们才会真正去考虑并重视这一问题，而到那时往往为时已晚，来不及保护我们的用户，来不及保护开发者的声誉和业务。因此，对于每一位 Android 开发者而言，了解在这复杂多变的境况下保护用户安全所扮演的角色是极其重要的。

作为开发人员和用户，我很感激本书作者 Pragati 耗费时间写出一本如此全面而翔实的指导书籍帮助我们通行于网络空间中，我很希望她的经验教训能使各地的 Android 开发者们提供我们所渴望的迷人创新的应用程序，同时维护保障我们期待并应得的安全和信任。

Edwin Aoki
PayPal 技术研究员

作 者 简 介

Pragati Ogal Rai 是一位在移动操作系统、移动安全、移动支付和移动商务领域里拥有超过 14 年经验的技术专家，从 Motorola Mobility 平台安全工程师，到 PayPal 移动服务的设计和开发，她在移动技术的方方面面皆拥有广泛的经验。

Pragati 拥有计算机科学的双硕士学位，并教授、培训不同层次的计算机科学专业的学生。在国际技术活动中是位公认的权威发言人。

我真诚感谢全体 Packt 出版团队为此书面世所付出的努力，特别感谢 Hardik Patel、Madhuja Chaudhari 和 Martin Bell 在此书撰写过程中的辛勤努力，以及对我疯狂的进度表的包容。感谢 Alessandro Parisi 为改善此书质量所提的坦诚意见和建议。

感谢蓬勃发展、充满活力的 Android 系统的开发者们，他们正是撰写此书的动力所在。

感谢所有的朋友和家人鼓励我写这本书。特别要感谢 Khannas 和 Kollis 两家人，你们是我写书期间的强有力支柱。特别感谢 Selina Garrison 给予的指导和无时无刻的帮助。最后，也最为重要的是，我要感谢我的丈夫 Hariom Rai 和我的儿子 Arnav Rai 以他们独有的方式不断地鼓励、支持和鼓舞我，倘若没有他们，此书不可能完成。

关于技术审校

Alessandro Parisi 是一位企业软件架构师和白帽黑客，作为一名从业近 20 年的 IT 顾问，他一直热衷于尝试用非传统的途径解决复杂多变的动态环境中的问题，将新技术与横向思维和整体解决方案融合在一起。

他是 InformaticaSicura.com 的创立者、专业 IT 安全顾问、informaticasicura.altervista.org 博客的 Hacking Wisdom 专栏的负责人。

他也是 Sicurezza Informatica e Tutela della Privacy（《信息安全和隐私政策》）一书的作者，该书于 2006 年由意大利政府印刷局发行。

在此我要感谢 Ilaria Sinisi，衷心感谢她所给予的支持和耐心。

前　言

　　在当今这个精于技术的时代，人们的生活日益数字化。所有这些信息都可以使用移动设备随时随地访问，有成千上万的应用程序供用户下载和使用。使用移动设备上的应用程序可以轻松地访问大量信息，其最大的挑战是保护用户的私人信息和尊重他们的隐私。

　　第一台 Android 手机诞生于 2009 年，在这之后移动生态圈发生了变化。Android 平台是一类开放性和较少限制的应用程序模型，在开发者社区引起了兴奋并培养了创新实践能力。但是，正如每个硬币有正反两面一样，Android 平台的开放性也不例外。Android 平台刺激了所谓的破坏者的想象力。Android 为他们提供了完美的测试平台试验他们的想法。不管是作为开发者还是消费者，懂得 Android 的安全模型，以及如何明智地使用它来保护消费者是非常重要的。

　　本书结合实际操作的例子、图表和日常使用情况，深入研究从内核级到应用程序级的 Android 安全。向读者展示如何保护 Android 应用程序及数据的安全。在开发应用程序时，它会作为技巧和提示以馈赠读者。

　　读者将会学习 Android 堆的整体安全架构。使用权限、在清单文件中定义安全性、安全加密算法等方法来保护组件，Android 堆协议、安全存储、安全测试和保护设备上的企业数据也会详细介绍。读者也将学习在整合新的技术和使用类似 NFC 和移动支付到 Android 应用程序上时，如何变得有安全意识。

内容概要

　　第 1 章，Android 安全模型——整体，主要讲述 Android 堆的整体安全，从平台安全到应用程序安全的方方面面。本章将是学习后续章节的基础。

　　第 2 章，应用程序构建块，介绍应用程序组件、权限、清单文件以及从安全角度着手的应用程序签名等内容。这些 Android 应用程序的基本组件和关于这些组件的知识对于构建 Android 安全知识很重要。

　　第 3 章，权限，讨论 Android 平台的既有权限、如何定义新的权限、如何使用权限保护应用程序组件安全以及在定义新的权限时给予分析。

　　第 4 章，定义应用程序的策略文件，深入剖析作为应用程序策略文件的清单文件的机制。讨论加强策略文件的提示和技巧。

　　第 5 章，尊重您的用户，包含了妥善处理用户数据的最佳实例。这对于依赖于用户评论和用户关注度的开发者的声誉来说是重要的。开发者也应谨慎处理用户的私人信息，以免落入法律的陷阱。

　　第 6 章，您的工具——加密 API，讨论 Android 平台提供的加密功能。它包括对称加密、非对称加密、散列、加密模式和密钥管理。

　　第 7 章，应用程序数据安全，是关于所有在休眠和传输过程中的应用程序数据的安全存储。讨论如何利用应用程序将私有数据沙箱化，如何安全地存储数据到设备、外部存储卡、硬盘和数据库中。

　　第 8 章，Android 在企业的运用，讨论 Android 平台提供的设备安全构件以及它对应用程序开发者的意义。企业应用程序开发者对于本章将会特别感兴趣。

　　第 9 章，安全测试，专注于以设计和开发为安全重点的测试用例。

　　第 10 章，展望未来，讨论即将到来的移动领域的用例，以及它是如何影响 Android 的，特别是从安全的角度。

阅读本书所需基础

　　如果您有一个已搭建好的 Android 环境并且可以实际操作在本书中讨论的概念和例子，那么本书将会非常有价值。请访问 developer.android.com 获得关于搭建环境和开始 Android 开发的详细说明。如果读者对内核开发感兴趣，请访问 source.android.com。

　　在撰写本书的时候，Jelly Bean（Android 4.2，API level 17）是最新的版本。笔者已经在这个平台上测试了所有的代码。自从 2009 年第一个版本 Cupcake 发布以来，Google 公司一直在不断提高后续版本的安全性。例如，在 Android 2.2（API level 8）中加入了远程擦除和设备管理 API，这使得 Android 更加吸引商业界。每当有相关信息时，笔者会引用该版本支持的特定功能。

本书适合的读者

　　本书对喜欢移动安全的人来说是一份优秀的资源。开发者、测试工程师、工程经理、产品经理和架构师，在设计和编写他们的应用程序时可以本书为参考。高级管理员和技术员可利用本书拓宽在移动安全领域的视野。拥有一些 Android 堆栈开发知识是可取的，但不是必需的。

体例

在本书中，将会发现一系列用来区分不同信息的文本风格。以下是这些风格的一些例子和关于它们含义的说明。

文本表示如下："使用 PackageManager 类处理安装和卸载应用程序的任务"。

代码块设置如下：

```
<intent-filter>
  <action android:name="android.intent.action.MAIN" />
  <category android:name="android.intent.category.LAUNCHER" />
</intent-filter>
```

当希望读者注意特殊代码段时，相关的行或者条目会被设置成粗体：

```
Intent intent = new Intent("my-local-broadcast");
Intent.putExtra("message", "Hello World!");
LocalBroadcastManager.getInstance(this).sendBroadcast(intent);
```

命令行输入或输出写成如下格式：

```
dexdump -d -f -h data@app@com.example.example1-1.apk@classes .dex > dump
```

新术语和关键词以粗体显示。例如，读者在屏幕、菜单或对话框看到的字体，将会像这段文字一样出现："单击下一步按钮切换到下一页"。

注意：以此格式在对话框中显示警告或重要的消息。

提示：以此格式显示提示和技巧信息。

读者反馈

我们一直欢迎读者反馈。让我们知道读者对本书的观点——喜欢的或者不喜欢的。读者反馈信息对于我们改进内容是十分重要的。

提交给我们的一般反馈，只需发送电子邮件到 feedback@packtpub.com，并注明反馈信息对应的书名。

您如果有专业知识的话题，并有兴趣撰写或者促成一本书，那么可以在 www.packtpub.com/authors 查阅作者指南信息。

用户支持

现在，您已经是 Packt 图书的用户，我们有许多的方式可以帮助您满足您的需求。

勘误表

虽然我们已经尽力确保本书内容的准确，但是错误难免会有。如果您发现我们书中的错误（文本错误或代码错误）并将错误反馈给我们，我们将不胜感激。这样，您可以避免让其他读者阅读到这个错误并帮助我们改进本书的后续版本。如果您发现了任何勘误内容，请访问 http://www.packtpub.com/submit-errata 网站，选择书名，单击 errata submission form，然后输入具体勘误内容反馈给我们。一旦通过验证，您的勘误内容将被采纳并上传到我们的网站，或者根据主题添加到现有勘误表的列表中。任何现有的勘误表都可以访问 http://www.packtpub.com/support 网站，选择主题查看。

版权声明

互联网上充斥着版权材料的盗版，所有媒体对此问题的报道一直没有间断过。在 Packt 公司，我们严格保护版权和许可。如果发现我们著作在互联网上的任何形式的非法副本，请立即向我们提供地址或者网站名称，让我们能够采取补救措施。

请通过 copyright@packtpub.com 网站与我们联系有关疑似盗版物的链接。

我们感谢您对保护作者，以及对我们提升为您带来更有价值内容的能力的帮助。

问题

如果对本书有任何疑问，您可以通过 questions@packtpub.com 网站联系我们，我们将会竭力解决您的问题。

目　　录

第 1 章 Android 安全模型——整体

Android 堆在很多方面是不同的，它是开源的、比一些其他平台更高级，并从过去移动平台开发的尝试当中吸收学习。在第 1 章中将会介绍从内核级到应用程序级的 Android 安全模型的基础内容。在本章中所介绍的每个安全工具都会在后续章节中更加详细地进行讨论。

作为本章的开始，首先会从解释"为何安装时应用程序权限的评估对于 Android 平台和用户数据安全来说是不可或缺的"这一话题开始。Android 有一个分层架构，每个架构层的安全评估都会在本章中讨论。在本章的最后，将会讨论核心安全工具，如应用程序签名、确保设备数据存储安全、加密 API 和 Android 设备管理等内容。

1.1 谨 慎 安 装

区分 Android 不同于其他移动操作系统的要素之一就是对于安装时应用程序权限的审查。应用程序需要的所有权限必须在应用程序清单文件（manifest file）中进行声明。这些权限是应用程序正常运行所需要的功能。例如包括访问用户通讯录、从手机发送短信、拨打电话和访问 Internet。关于权限的详细叙述请参阅第 3 章相关内容。

当用户安装应用程序时，在清单文件中声明的所有权限都会呈现给用户。用户有权去审查这些权限并做出是否安装该应用程序的明智决定。此时用户应该认真查看这些权限，因为这是用户被请求赋予权限的唯一时机。在这之后，用户将不能控制应用程序权限。用户能做的最多就是卸载该应用程序。请参考图 1-1。在这个例子当中，应用程序将会跟踪或访问用户位置信息、使用网络、读取用户通讯录、读取手机状态以及使用一些开发功能。当筛查应用程序的安全性时，用户必须评估授予该应用程

图   1-1

序某个特定权限是否必需。如果是游戏应用程序，它应该不需要开发工具功能；如果是儿童教育应用程序，它应该不需要访问通讯录或用户位置信息。另外要留意的是开发者可能会添加他们自己的权限，特别是如果他们希望与他们已经开发完成并可能被安装到设备上的其他应用程序进行通信的时候。提供这些权限的明确说明是开发者的职责所在。

在安装时，该架构确保在应用程序中使用的所有权限都在清单文件中声明。在运行时操作系统强制执行这些权限。

1.2　Android 平台架构

Android 是一个具有层级式软件堆的现代操作系统。图 1-2 说明了 Android 软件堆的层级。Android 软件堆可以在不同的硬件配置上运行，例如智能手机、平板电脑、电视，甚至是嵌入式设备，如微波炉、冰箱、手表和钢笔等。每一层都提供相应的安全性，这为移动应用程序的创建和运行建立一个安全的环境。本节将会讨论 Android 堆的每一层所提供的安全性。

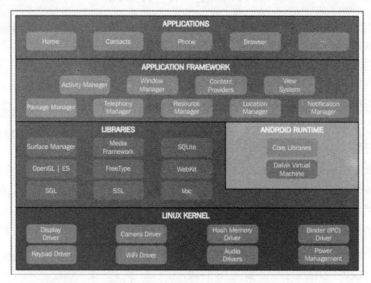

图　1-2

1.2.1　Linux 内核

位于硬件设备之上的就是 Linux 内核。Linux 内核已经作为一个安全的多用户操作系统使用了几十年，能将用户与用户之间互相隔离。Android 系统使用 Linux 的这个特性作为 Android 安全的基础。可以将 Android 看作是这样的一个多用户平台，其中的每个用户是一个应用程序，每个应用程序间互相独立。Linux 内核承载了设备驱动程序，例如蓝牙、照相机、Wi-Fi 和闪存的驱动程序。它还提供了一种机制用于安全的远程过程调用（Remote Procedure Calls，RPC）。

由于每个应用程序被安装在设备上，它被赋予了唯一的用户标识（User Identification，UID）和组标识（Group Identification，GID）。只要应用程序安装在设备上，这个用户标识（UID）就是它的标识。

如图 1-3 所示，第一列是所有应用程序的用户标识（UID）。请注意那些高亮显示的应用程序。应用程序 com.paypal.com 对应的用户标识（UID）是 app_8，com.skype.com 对应的用户标识（UID）是 app_64。在 Linux 内核中，这些应用程序依靠这个 ID 在它们自身的进程中运行。

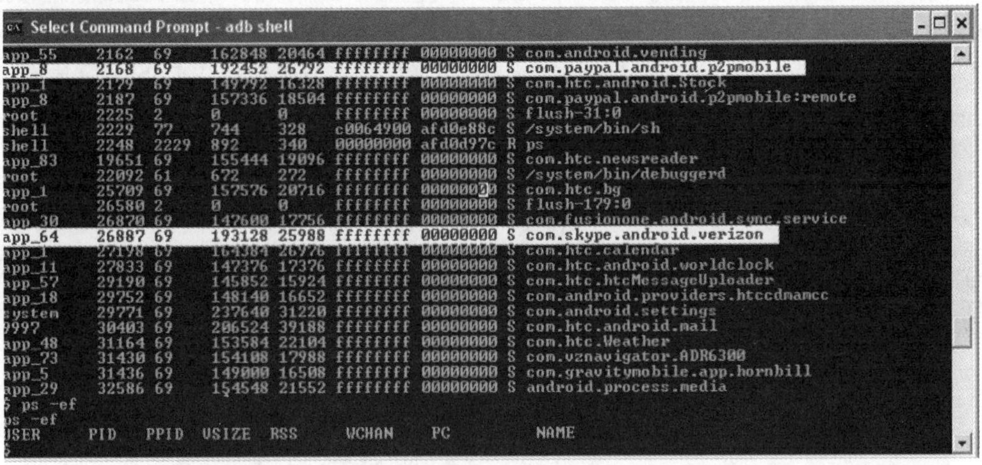

图　1-3

当在 shell 中输入命令 id 时，内核显示用户标识（UID）、组标识（GID）和与 shell 相关的群组，如图 1-4 所示。这是 Android 用来隔离进程的进程沙箱模型，两个进程间可以互相共享数据。如何制定恰当的机制将在第 4 章中进行讨论。

虽然大多数 Android 应用程序使用 Java 语言编写，但有时也需要编写原生的应用程序。原生应用程序更加复杂，因为开发者需要管理内存和专用设备的问题。开发者可以使用 Android NDK 工具集在 C/C++当中开发部分应用程序。所有的原生应用程序都遵循 Linux 进程沙箱规则；原生应用程序和 Java 应用程序的安全性是一样的。请记住就像任何 Java 应用程序一样，适当的安全工具如加密、散列和安全通信是必需的。

图　1-4

1.2.2　中间件

位于 Linux 内核之上的是为代码执行提供库文件的中间件，此类库的例子当中包括 libSSL、libc 和 OpenGL。本层也为 Java 应用程序提供运行环境。

由于大多数用户使用 Java 编写 Android 应用程序，一个显而易见的问题是：Android 是否提供 Java 虚拟机？答案是没有，Android 不提供 Java 虚拟机。因此 Java 存档（Java Archive，JAR）文件将不会在 Android 上执行，因为 Android 并不执行字节码。Android 提供的是 Dalvik 虚拟机。Android 使用名为 dx 的工具将字节码转换成 Dalvik 可执行代码（Dalvik Executable，DEX）。

Dalvik 虚拟机

它最初由 Dan Bornstein 开发并以他的祖先在 Iceland 居住过的渔村的名字 Dalvik 来命名。Dalvik 是一个基于寄存器的、高度优化的、开源的虚拟机。Dalvik 不向 Java SE 或 Java ME 看齐，并且它的库是基于 Apache Harmony 项目的。

每个 Java 应用程序运行在自身的虚拟机上。当设备启动时，一个称为 Zygote 的新进程会产生一个虚拟机进程。然后 Zygote 进程交叉创建新的请求进程虚拟机。

在 Dalvik 背后的主要动机是通过增加共享来减少内存占用，在 Dalvik 中的常量池也由此成为共享池，它同样共享核心以及在不同虚拟机进程当中的只读库。

Dalvik 依赖于 Linux 平台上的所有底层功能，如线程和内存管理。Dalvik 对每个虚拟机都有一个独立的垃圾回收器，但要谨慎处理共享资源的进程。

Dan Bornstein 在 Google IO 2008 大会上做了一个关于 Dalvik 的伟大演讲。读者可以在 http://www.youtube.com/watch?v=ptjedOZEXPM 网站阅读相关内容。

1.2.3　应用程序层

应用程序开发者开发基于 Java 的应用程序在 Android 堆的应用程序层交互。除非正在创建原生应用程序，否则本层将会提供创建应用程序的所有资源。可以进一步将应用程序层划分为应用程序架构层和应用程序层。应用程序架构层提供了一些 Android 堆当中所显现的类供应用程序使用。这其中的例子包括管理 Activity 生命周期的 Activity 管理器，以及管理安装和卸载应用程序的软件包管理器和发送通知给用户的通知管理器。

　　应用程序层是应用程序存在的层。这些应用程序可能是系统应用程序或用户应用程序。系统应用程序是与设备捆绑在一起的应用程序，如邮件、日历、通讯录和浏览器。用户不能卸载这些应用程序。用户应用程序是用户安装在设备上的第三方应用程序。用户可以根据自己的意愿安装和卸载这些应用程序。

Android 应用程序结构

　　在理解了应用程序层的安全之后，更重要的是理解 Android 应用程序结构。每个 Android 应用程序作为组件堆而创建，这种应用程序结构的完美之处在于每个组件都是一个独立的实体，并且甚至可以被其他应用程序完全地调用。这种应用程序结构提倡共享组件。图 1-5 展示了一个 Android 应用程序的剖析结构，它包括 Activity、Service、Broadcast Receiver 和 Content Provider。

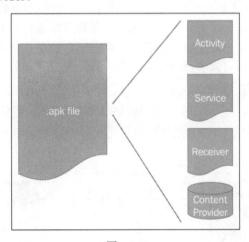

图　1-5

Android 支持如下 4 种组件。

- ❏　Activity：该组件通常作为应用程序的 UI 部分。这是一个与用户交互的组件。Activity 组件的一个例子是用户输入用户名和密码来进行服务器验证的登录页面。
- ❏　Service：该组件负责妥善处理后台运行的进程。Service 组件没有 UI。该组件的例子可以是一个与音乐播放器同步并且播放用户预先选择的歌曲的组件。
- ❏　Broadcast Receiver：该组件是一个接收来自 Android 系统或其他应用程序的信息的邮箱。例如，Android 系统在启动后打开一个称为 BOOT_COMPLETED 的

Intent。应用程序组件可以在清单文件中注册以监听广播。
- ❑ Content Provider：该组件用于应用程序的数据存储。应用程序也可以与 Android 系统的其他组件共享这些数据。Content Provider 组件的例子是一个存储用户购物意愿清单里保存的项目列表的 APP 应用。

上述所有组件都在 AndroidManifest.xml（清单）文件中声明。除了这些组件之外，清单文件当中还列出了其他应用程序的需求，例如 Android 所需的最低 API 级别、访问 Internet 和读取通信录之类的应用程序所需的用户权限、应用程序使用的硬件如蓝牙、照相机和应用程序链接库如 Google Maps API 等的权限。在第 4 章当中会更加详细地讨论清单文件。

Activity、Service、Broadcast Receiver 和 Content Provider 使用 Intent 互相通信。Intent 是 Android 异步进程间通信（Inter-process Communication，IPC）的机制。组件关闭 Intent 产生一个动作并且接收组件在它之上执行动作。传递 Intent 给每种类型的组件都有一个独立的机制，所以 Activity Intent 只能传递给 Activity 并且 Broadcast Intent 只能传递给 Broadcast Receiver。Intent 也包含一组信息，这组信息被称为 Intent 对象。该对象用于接收那些用来执行适当动作的组件。这种情况下，需要清醒地认识到 Intent 并不安全。任何监听应用程序都可以监听 Intent，所以不要在它上面存放任何敏感信息。Intent 不但可以被恶意应用程序监听还可以被其随意更改。

图 1-6 展示了两个应用程序，应用程序 A 和应用程序 B，以及它们的组件堆。只要具有权限，这些组件可以互相通信。应用程序 A 的 Activity 组件可以使用 startActivity() 方法启动应用程序 B 的 Activity 组件，并且也可以使用 startService()方法打开它自身的 Service。

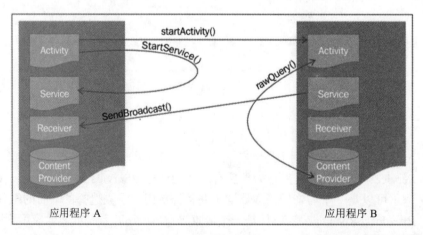

图　1-6

在应用程序层，Android 组件遵守基于权限的模型。这意味着一个组件必须要有适当的权限才能调用其他组件。尽管 Android 提供大部分应用程序可能需要的权限，开发者仍然具备扩展这个模型的能力（但是这种情况应该尽少使用）。

附加资源如位图、UI 布局和字符串等都独立地保存在不同的目录中，为了获得最佳的用户体验，这些资源应该为不同的区域设置本地化，并为不同的设备配置自定义方案。

后续章节会详细地讲解应用程序结构、清单文件以及权限模型等方面的内容。

1.3　应用程序签名

Android 的区分因素之一是 Android 应用程序签名的方式。所有 Android 应用程序都是自签名的，不需要使用认证授权为应用程序签名。这不同于传统的在签名处标识作者并依据信任签名的应用程序签名。

应用程序的签名把应用程序和作者联系在一起。如果用户安装多个相同作者编写的应用程序，并且这些应用程序希望共享彼此的数据，它们需要与相同的签名联系在一起，并且应该在清单文件中设置一个 SHARED_ID 标志。

应用程序签名也会在应用程序升级时使用。应用程序升级要求两个应用程序有相同的签名并且没有权限升级。这是另一种 Android 确保应用程序安全的机制。

作为一名应用程序开发者来说，重要的是确保用于应用程序签名的专用密钥的安全，个人的声誉依赖于它。

1.4　在设备上的数据存储

Android 为确保在设备上的数据存储安全提供了不同的解决方案。基于数据类型和应用程序使用情况，开发者可以选择最佳的解决方案。

对于需要在用户会话中保留的基本数据类型如 int 型、boolean 型、long 型、float 型和 string 型，最好使用共享的数据类型。共享的数据推荐采用键-值对的方式存储，这种方式允许开发者保存、检索和永久保留数据。

所有的应用程序数据和应用程序一起存储在沙箱中，这意味着这些数据只能被这个应用程序或其他拥有相同的已被授权共享数据的签名的应用程序访问。在这个存储器中存储私有数据文件是最好的。当卸载应用程序时，这些文件将会被删除。

对于大型数据集，开发者可以选择使用 Android 软件堆所附带的 SQLite 数据库。

所有的 Android 设备允许用户挂载外部存储设备，如 SD 卡等。开发者可以编写使得大文件可以存储在这些外部设备的应用程序。大部分外部存储设备有一个 VFAT 文件系统，并且 Linux 访问控制不在这里起作用。敏感的数据应该在存储到这些外部设备之前进行加密。

从 Android 2.2（API 8）开始，APK 可以存储在外部设备当中。使用随机生成的密钥，APK 被保存在一个称为 asec 文件的加密容器中。该密钥存储在设备上，Android 外部设备使用 noexec 加载。所有的 DEX 文件、私人数据和本地共享库仍然驻留在内存中。

只要存在网络连接，开发者就可以在他们的 Web 服务器上存储数据。在自己的服务器上存储可能会侵害用户隐私的数据是明智的。这种应用程序的例子就是用户账号信息和交易明细应存储在服务器而不是用户设备上的银行应用程序。

在第 7 章当中将会更加详细地讨论在 Android 设备上的数据存储选项。

诸如视频、电子书和音乐此类的版权保护内容可以在 Android 中使用 DRM 架构 API 得到保护。应用程序开发者可以使用 DRM 架构 API 去注册具有 DRM 方案的设备、获取与内容、提取限制和与证书内容相关许可的设备。

1.5　加密的 API

Android 拥有一个全面加密的 API 套件，应用程序开发者可以使用它在存储和传输数据时，保证数据的安全。

Android 为数据的对称和非对称加密、随机数生成、散列、消息验证码和不同的密码模式提供 API，支持的算法包括 DH、DES、三重 DES、RC2 和 RC5。

安全通信协议（如 SSL 和 TLS）结合加密的 API 可以用来在传输时保护数据安全，同样提供包括 X.509 证书的密钥管理 API。

系统密钥存储从 Android 1.6 VPN 使用时开始被使用。随着 Android 4.0 的到来，一个新的称为 keychain 的 API 为应用程序提供了对存储证书的访问，该 API 也允许从 X5.09 证书和 PKCS#12 密钥库安装证书。一旦应用程序被授权访问证书，则它也可以访问与证书相关的密钥。

在第 6 章当中将会详细讨论加密 API 的相关内容。

1.6　设　备　管　理

随着移动设备在工作场所的增加，Android 2.2 推出了设备管理 API，以允许用户和

IT 专业人员管理访问企业数据的设备。使用该 API，IT 专业人员可以在设备上添加系统级安全策略如远程擦除、密码启用和密码细节。Android 3.0 和 Android 4.0 进一步增强了该 API 的密码过期、密码限制、设备加密要求和禁用照相机的策略。如果读者有一个电子邮件客户端并使用它在 Android 手机上访问公司的电子邮件，那么此时最有可能正在使用设备管理 API。

设备管理 API 通过强制执行安全策略来运行。DevicePolicyManager 列出了设备管理员可以在设备上强制执行的所有策略。

设备管理员编写用户安装在他们设备上的应用程序。安装完成后，用户需要激活策略来强制执行在设备上的安全策略。如果用户没有安装应用程序，那么安全策略并不适用，而且用户不能使用由该应用程序提供的任何功能。如果在设备上有多个设备管理应用程序，则严格以策略为准。如果用户卸载了应用程序，那么策略会被停用。应用程序可以决定将手机恢复出厂设置或根据权限删除数据使之恢复至未安装时的状态。

在第 8 章中将会更加详细地讨论设备管理。

1.7　小　　结

Android 是一个内置安全平台的现代操作系统。正如在本章中学习的一样，Linux 内核利用进程隔离奠定了 Android 安全模型的基础。每个应用程序及其应用数据，从其他进程中隔离。在应用程序层，组件间使用 Intent 通信并且需要具有调用其他组件的相应权限。这些权限在 Linux 内核中被强制执行，该内核作为一个安全的多用户操作系统已经经受住时间的考验。开发者具有一套全面加密的保护用户数据安全的 API。

在学习了 Android 平台的基础知识之后，第 2 章将学习从安全的角度理解应用程序组件和内部组件通信。

第 2 章　应用程序构建块

本章重点介绍 Android 应用程序的构建块，即应用程序组件和组件间的通信。Android 系统有 4 种类型的组件，即 Activity、Service、Broadcast Receiver 和 Content Provider。每个组件被专门设计来完成特定的任务。这些组件的集合组成了 Android 应用程序。这些组件使用 Intent 进行通信，Intent 是 Android 内部进程通信的机制。

目前市面上有一些讨论如何构建 Android 组件和 Intent 的书籍。但实际上，Android 开发者网站在介绍使用组件编程方面做了很好的工作。因此，本章并不是涵盖这些组件实现的细节，而是讨论每个组件的安全方面，以及如何在保护开发者声誉和消费者隐私的应用程序中安全地定义和使用组件和 Intent。

组件和 Intent 是本章的重点。对于每个 Android 组件，将包含组件声明、组件相关权限，以及其他具体到特定组件的安全考虑。本章将讨论不同类型的 Intent 以及在特定情况下使用的最佳 Intent。

2.1　应用程序组件

正如在第 1 章中已经描述的那样，Android 应用程序是松散耦合的应用程序组件堆。应用程序组件、清单文件和应用程序资源被打包成应用程序包格式（Application Package Format）.apk 文件。一个 APK 文件本质上是一个被格式化成 JAR 文件格式的 ZIP 文件。Android 系统只能识别 APK 格式，因此所有的安装包必须以 APK 格式安装到 Android 设备上。一个 APK 文件随后被开发者签名以维护著作权。PackageManager 类执行安装和卸载应用程序的任务。

本节将详细地讨论每种组件的安全，这包含组件在清单文件中的声明，因此要对其进行适当讲解并考量每个组件所特有的其他安全因素。

2.1.1　Activity

Activity 是通常和用户交互的应用程序组件。Activity 扩展 Activity 类并被实现为 view 和 fragment。Fragment 被引入到 Honeycomb 来解决不同屏幕尺寸的问题。在小屏幕里，fragment 作为单一的 Activity 显示，并且允许用户切换到第二个 Activity 去显示第二个 fragment。Fragment 和被 Activity 分出的线程在 Activity 当中运行。因此，如果 Activity

被销毁，那么相关的 fragment 和线程也会随之销毁。

　　一个应用程序可以包含多个 Activity。使用一个 Activity 集中于单个任务并为各个任务创建不同的 Activity 是最佳的。例如，如果正在创建网站上订购书籍的应用程序，创建一个 Activity 用于用户登录、一个 Activity 用于在数据库中搜索书籍、一个 Activity 用于登记订购信息、一个用于登记支付信息等是最佳的。这种创建 Activity 的风格鼓励在应用程序内部以及在设备上安装的应用程序重复调用 Activity。组件的重复调用有两个主要的好处。第一，有助于减少漏洞，因为有较少的代码重复。第二，使应用程序更加安全，因为不同组件之间有较少的数据共享。

1．Activity 声明

　　应用程序调用的任何 Activity 必须在 AndroidManifest.xml 文件中声明。下面的代码段显示了在清单文件中声明的 login Activity 和 order Activity。

```
<activity android:label="@string/app_name" android:name=".LoginActivity">
  <intent-filter>
    <action android:name="android.intent.action.MAIN" />
    <category  android:name="android.intent.category.LAUNCHER" />
  </intent-filter>
</activity>
<activity android:name=".OrderActivity" android:permission ="com.example.
project.ORDER_BOOK" android:exported="false"/>
```

　　请注意，LoginActivity 声明为一个可能被系统中任何 Activity 启动的 public Activity。OrderActivity 声明为一个不会在应用程序外部暴露的 private Activity（没有 Intent Filter 的 Activity 是一个 private Activity，将只通过指定其明确的文件名来调用）。附加的 android: exported 标签如果对于应用程序外部是透明的，则可以用来指定。true 值使 Activity 在应用程序外部是透明的，而 false 值则相反。在本章后面部分讨论 Intent Filter。

　　所有 Activity 可以被权限保护。在上面的这个例子当中，OrderActivity 除了是 private 之外，还被权限 com.example.project.ORDER_BOOK 保护。试图调用 OrderActivity 的任何组件应该具有这个自定义权限。

　　通常情况下，当启动后，Activity 在声明它的应用程序的进程中运行。将 android: multiprocess 属性设置为 true 能够使得 Activity 在不同的应用程序进程中运行。这些进程指定可以使用 android:process 属性定义。如果属性值以冒号（:）开始，则创建一个新的对应用程序为 private 的进程；如果以小写字母开始，则 Activity 在全局进程中运行。

　　android:configChanges 标签允许应用程序处理由于列出配置更改导致的 Activity 重启。这些更改包括改变语言环境、增加外接键盘以及更换 SIM。

2. 保存 Activity 状态

所有 Activity 都是系统在 Activity 堆中管理的。当前与用户交互的 Activity 在前台运行。当前的 Activity 可以启动其他 Activity。在后台运行的任何 Activity 由于资源限制都有可能被 Android 系统关闭。Activity 在配置更改时也可能会重启，如从垂直到水平的方向翻转。正如在上文提到的一样，Activity 可以使用 android:configChanges 标签来处理一些这类事件本身。不过这是不值得提倡的，因为这样可能导致前后不一致。

在重启之前，应该保留 Activity 的状态。Activity 的生存周期是由以下方法定义的。

```
public class Activity extends ApplicationContext {
  protected void onCreate(Bundle savedInstanceState);
  protected void onStart();
  protected void onRestart();
  protected void onResume();
  protected void onPause();
  protected void onStop();
  protected void onDestroy();
}
```

Activity 可以重写 onSaveInstanceState(Bundle savedInstanceState)方法和 onRestoreInstanceState(Bundle savedInstanceState)方法来保存和恢复实例值，例如用户首选项和未保存的文本。Android 开发者网站（http://www.developer.android.com）使用图 2-1 完美地演示了这个过程。

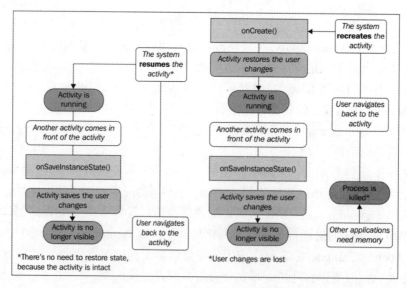

图　2-1

以下代码段显示了 Activity 是如何存储和检索首选语言、搜索结果的数量以及作者姓名的。当关闭 Activity 时，用户首选项作为 Bundle 类存储（以名称-值对的形式存储）。当 Activity 重启时，这个 Bundle 类被传递到恢复 Activity 状态的 onCreate()方法。重要的是注意这个存储的方法是不支持应用程序重启的。

```
@Override
public void onSaveInstanceState(Bundle savedInstanceState) {
  super.onSaveInstanceState(savedInstanceState);
  savedInstanceState.putInt("ResultsNum", 10);
  savedInstanceState.putString("MyLanguage", "English");
  savedInstanceState.putString("MyAuthor", "Thomas Hardy");
}
@Override
public void onRestoreInstanceState(Bundle savedInstanceState) {
  super.onRestoreInstanceState(savedInstanceState);
  int ResultsNum = savedInstanceState.getInt("ResultsNum");
  String MyLanguage = savedInstanceState.getString("MyLanguage");
  String MyAuthor = savedInstanceState.getString("MyAuthor");
}
```

3. 保存用户数据

正如在前面所讨论的一样，Activity 与用户交互，所以它们可能会收集一些用户数据。这些数据可以专用于应用程序或者与其他应用程序共享。这种类型数据的例子是用户的首选语言或者书籍类别。为了提升用户体验，这种类型的数据通常被应用程序保留。它们在应用程序中是有用的并且不会被其他应用程序共享。

有关共享数据的一个例子就是用户通过浏览商店不断添加到收藏中的书籍意愿清单，这些数据能否被其他应用程序共享。

基于隐私和数据的类型不同，对数据的存储可以采用不同的存储机制。应用程序可以决定使用 SharedPreferences 类、Content Provider、在内部或外部存储器上存储的文件或者甚至是开发者自己的网站来存储这种类型的数据。本章主要讨论 Content Provider，第 7 章将会讨论其他永久数据存储机制。

2.1.2　Service

不同于 Activity，Service 缺少可视化界面并且通常作为后台长时间运行的任务。理想情况下，即使负责启动它的 Activity 已不存在，Service 也应该在后台保持运行。当完成任务后，Service 应该自动停止。最适合作为 Service 任务的例子是数据库同步、从网络上传或下载文件、与音乐播放器交互播放用户选择的曲目，以及应用程序可以结合获取信息的全局 Service。

保护 Service 安全开始于清单文件中的声明。接下来重要的是为用例识别准确的 Service 以及管理 Service 的生存周期。这包括启动和停止 Service 以及创建工作线程来避免阻塞应用程序。在接下来的章节当中将会涵盖到这些方面。本章最后一个部分是有关绑定器的，这是大多数 Android IPC 的主干并且允许使用客户-服务器方式启动 Service。

1．Service 声明

应用程序计划启动的所有 Service 需要在清单文件中声明。Service 声明定义一个 Service 一旦创建后将如何运行。以下代码段显示了在清单文件中<service>标签的语法。

```
<service android:enabled=["true" | "false"]
        android:exported=["true" | "false"]
        android:icon="drawable resource"
        android:isolatedProcess=["true" | "false"]
        android:label="string resource"
        android:name="string"
        android:permission="string"
        android:process="string" >
 . . .
</service>
```

基于上述的声明语法，对于运行在全局进程中，向数据库当中存储书籍信息的应用程序的私有 Service，可以声明如下：

```
<service
  android:name="bookService"
  android:process=":my_process"
  android:icon="@drawable/icon"
  android:label="@string/service_name" >
</service>
```

默认情况下，Service 在应用程序的全局进程中运行。如果应用程序希望在不同进程中启动 Service，可以使用属性 android:process 完成。如果属性值以冒号（:）开始，则 Service 在应用程序内部启动一个新的 private 进程。如果以小写字符开始，则创建一个新的对所有 Android 系统的应用程序都是可见的并且可访问的全局进程。在上述的例子中，Service 在自身的全局进程中运行。应用程序应该具有权限来创建这样一个进程。

android:enabled 属性定义系统是否可以实例化 Service。该属性的默认值为 true。

android:exported 属性限制 Service 的公开。true 值意味着这个 Service 在应用程序外

部是可见的。如果 Service 包含 Intent Filter，则它对其他应用程序是可见的。这个属性的默认值是 true。

为了在独立进程中运行 Service，缺少所有权限，需要设置 android:isolatedProcess 属性为 true。在这种情况下，唯一与 Service 交互的方式是通过绑定到 Service。该属性的默认值是 false。

像 Activity 一样，Service 被权限保护。Service 在清单文件中使用 android:permission 定义。调用的组件需要具有适当的权限来调用 Service，否则会在调用过程中抛出 SecurityException 异常。

2．Service 模式

可以在两种环境当中使用 Service。在第一种环境中，Service 作为一种助手 Service，该组件可以启动用来运行长时间运行的任务。这样的 Service 称为启动（started）Service。第二种情况，Service 是作为一个或多个应用程序组件的信息提供者。在这种情况下，Service 在后台运行并且应用程序组件通过调用 bindService()方法绑定到 Service 上。这种 Service 称为绑定（bound）Service。

启动 Service 扩展了 Service 类和 IntentService 类。这两种方式之间的主要区别是多请求的处理。当扩展 Service 类时，应用程序需要谨慎处理多请求。这在 onStartCommand() 方法中完成。

IntentService()类让所有请求的排队以及一次性处理它们变得更加简单。因此，开发者无须关心线程。如果在适当使用的情况下，为了避免多线程漏洞，推荐使用 IntentService 类。IntentService 类为任务和自动排队的请求启动工作线程。这个任务在 onHandleIntent() 方法中完成。以下是一个 IntentService 类的例子。

```
public class MyIntentService extends IntentService {
  public MyIntentService() {
    super("MyIntentService");
  }
  @Override
  protected void onHandleIntent(Intent intent) {
    // TODO Auto-generated method stub
  }
}
```

绑定 Service 是客户端服务器部署情况下产生的，其中的 Service 充当服务器并且客户端绑定信息到它之上。这通过使用 bindService()方法来完成。当客户端被退出时，使用 unbindService()方法从 Service 解绑。

绑定 Service 可以面向一个应用程序的组件或者不同应用程序的组件。只面向一个应用程序组件的绑定 Service 可以扩展 Binder 类并且实现返回 IBinder 对象的 onBind()方法。如果 Service 面向多个应用程序，则信使或者 Android 接口定义语言（Android Interface Definition Language，AIDL）工具可用于生成由 Service 发布的接口。使用信使更加容易实现，因为它能够谨慎处理多线程。

当绑定到一个 Service 时，重要的是要检查 Activity 绑定到的 Service 的身份信息。这可以通过明确指定 Service 名称来完成。如果 Service 名称不可用，则客户端可以检查 Service 的身份，使用 ServiceConnection.onServiceConnected()方法连接。另一种方法是使用权限检查。

提示：对于启动Service，onBind()方法返回空值。

3．生命周期管理

Service 可以由任何组件使用 startService()方法和传递如下 Intent 对象来启动。

```
Intent intent = new Intent(this, MyService.class);
startService(intent);
```

与其他组件一样，启动 Service 同样可以被 Android 系统所销毁，以收集与用户正在交互的进程资源。在这种情况下，Service 将会基于在 onStartCommand()方法当中所设置的返回值而被重启。下面就是这样的一个例子。

```
@Override
public int onStartCommand(Intent intent, int flags, int startId) {
  handleCommand(intent);
  // Let the service run until it is explicitly stopped
  return START_STICKY;
}
```

重启 Service 有如下 3 种选项。

❑ START_NOT_STICKY：这个选项表示除非有挂起 Intent，否则 Android 系统不重启 Service。本章后续部分将会讨论挂起 Intent。该选项的最佳应用场景是可以安全地重启并在随后完成的那些尚未完成的作业的情况。

❑ START_STICKY：这个选项表示 Service 应该由系统启动。如果初始化的 Intent 丢失了，那么 onStartCommand()方法以空 Intent 启动。这对即使初始化的 Intent 丢失了，Service 仍然可以恢复其任务的情形最佳。例如音乐播放器一旦被系统停止就再次启动。

❑ START_REDELIVER_INTENT：在这个选项当中，Service 被重启并且挂起 Intent

被重新传递到 Service onStartCommand()方法。例如通过网络下载文件。

需要注意的是，Service 不同于创建线程。当与线程捆绑的组件被停止时，线程将会被立即停止。Service 默认在全局应用程序线程中运行，即使是在调用的组件被破坏的情况下也会仍然存在。如果 Service 正在运行一些费时的 Activity（如下载一个极大的文件），那么在一个独立的线程中创建它以避免阻塞应用程序是明智的。

启动 Service 默认在应用程序线程中运行。当运行应用程序时，任何阻塞 Activity 应该在独立的线程中创建以避免潜在的瓶颈问题。IntentService 类通过大量创建工作线程谨慎处理这种情形。

当完成任务时，这两种启动 Service 应该通过调用 stopSeft()方法来停止。任何组件都可以通过使用 stopService()方法停止 Service。

当不再有客户端绑定 Service 时，它就会被系统停止。

注意：Service 可以启动和绑定。在这种情形下，不要忘记调用 stopSelf()或者 stopService()
　　　方法停止在后台持续运行的 Service。

4．Binder

Binder 是大多数 Android IPC 的骨干，它是一个内核驱动并且所有 Binder 调用都通过内核。信使也是基于 Binder 的。Binder 可以混合实现，应该仅用于在 Service 迎合在不同进程中运行的多个应用程序，同时想要自行处理多线程的情况下。Binder 架构在操作系统中集成，因此一个进程想要使用另一个进程的 Service 的话，需要将对象转型为基本实体（primitives）。操作系统随后将它传递越过进程边界。为了使这项任务对开发者来说更加容易，Android 提供了 AIDL。图 2-2 说明了 Binder 是怎样成为所有 Android IPC 的核心的。Binder 由 AIDL 公开出来。Intent 也像 Binder 一样实现。但是从用户的角度看，这些复杂性是隐藏的。当从内部移动到更大的同心圆时，实现将变得更加抽象。

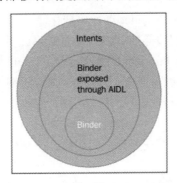

图　2-2

要使用 AIDL 创建绑定 Service，首先要创建一个 AIDL 文件。然后，使用 Android SDK 工具生成接口。这个接口包含了扩展 android.os.Binder 类的 stub()方法以及实现 onTransact() 方法。客户端接收 Binder 接口的引用并且调用它的 transact()方法。数据流成为 Parcel 对象通过这个通道。Parcel 对象是可序列化的，因此它可以有效地通过进程边界。

注意：Parcel 对象被定义为高性能 IPC 传输，因此它们不应该被用于通用序列化。

如果多个进程正在使用 Service，一旦将它公开，一定要注意不要改变 AIDL，因为其他应用程序也可能正在使用它。如果这种改变是绝对有必要的，那么它应该至少是向后兼容的。

Binder 在系统中是全局唯一的，并且 Binder 的引用可被用于作为一个共享的秘密来验证可信组件。保持 Binder 的私有性一直是个不错的主意，有 Binder 引用的任何组件可以创建对它的调用并且可以调用 transact()方法。它是由 Service 来响应请求的。例如，系统 Service 的 Zygote，公开任何 Activity 都可以绑定的 Binder，但是调用它的 transact()方法并不意味着它会被绑定。

Binder 可以基于<service> 标签的 android:process 属性在相同的进程或者不同的进程中运行。

Binder 通过内核安全地提供调用组件和权限的身份识别。调用者的身份可以使用 Binder 的 getCallingPid()方法和 getCallingUid()方法来检查。一个 Binder 可以轮流调用其他 Binder，其他 Binder 在这种情况下可以使用调用 Binder 的身份识别。检查调用者的权限，可以使用 Context.checkCallingPermission()方法。检查调用者或 Binder 本身是否有特定的权限，可以使用 Context.checkCallingOrSeftPermission()方法。

2.1.3　Content Provide

Android 系统使用 Content Provider 进行数据存储，如通讯录、日历和字典。Content Provider 是 Android 的越过进程边界处理结构化数据的机制。它也可以在应用程序里使用。

在大多数情况下，Content Provider 的数据存储在 SQL 数据库中。identifier_id 被用作主键。与 SQL 一样，用户通过编写查询访问数据。这些查询可以是 rawQuery()或者 query()，取决于它们是否是原始 SQL 语句或者结构化查询。查询的返回类型是一个 Cursor 对象，该对象指向结果当中的一行。用户可以使用辅助方法（如 getCount()、moveToFirst()、isAfterLast()以及 moveToNext()）在多行之间切换。一旦任务完成，需要使用 close()方法关闭 Cursor 对象。

Provider 支持许多不同类型的数据，包括整型、长整型、单精度浮点型、双精度浮点型和实现为 64KB 数组 BLOB 型（二进制大对象，Binary Large Object）。Provider 也可以返回标准型或者 MIME 型数据。一个标准的 MIME 型数据的例子是 text/html 文件。对于自定义的 MIME 型，其所对应的多行和单行的值分别为 vnd.android.cursor.dir 和 vnd.android.cursor.item。

图 2-3 展示了可以从中提取数据库、文件甚至远程服务器的 Content Provider。应用程序的其他组件可以访问它，因此，只要提供适当的权限，其他应用程序组件也可以访问它。

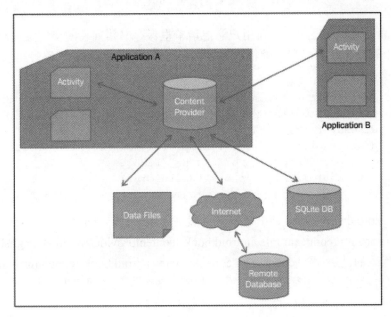

图   2-3

以下部分讨论 Provider 声明、定义适当的权限以及避免常见的安全隐患，这对 Provider 数据的安全访问是必要的。

1．Provider 声明

应用程序要使用的任何 Provider 必须在清单文件中声明。Provider 标签的语法如下：

```
<provider android:authorities="list"
        android:enabled=["true" | "false"]
        android:exported=["true" | "false"]
        android:grantUriPermissions=["true" | "false"]
        android:icon="drawable resource"
        android:initOrder="integer"
```

```
        android:label="string resource"
        android:multiprocess=["true" | "false"]
        android:name="string"
        android:permission="string"
        android:process="string"
        android:readPermission="string"
        android:syncable=["true" | "false"]
        android:writePermission="string" >
    . . .
</provider>
```

基于前面的声明语法，一个在用户意愿清单里保存书籍列表的自定义 Provider 可以声明如下。Provider 具有读和写的权限并且客户端可以申请临时访问路径/figures。

```
<provider
  android:authorities="com.example.android.books.contentprovider"
  android:name=".contentprovider.MyBooksdoContentProvider"
  android:readPermission="com.example.android.books.DB_READ"
  android:writePermission="com.example.android.book.DB_WRITE">
<grant-uri-permission android:path="/figures/" />
<meta-data android:name="books" android:value="@string/books" />
</provider>
```

字符串 android:authorities 列出了被应用程序公开的 Provider。例如，如果一个 Provider 的 URI 为 content://com.example.android.books.contentprovider/wishlist/English，其中的 content://所代表的是协议（scheme），com.example.android.books.contentprovider 是权限，wishlist/English 是路径。必须至少指定一个权限，多个权限之间使用分号分隔，它应该遵守 Java 命名空间规则以避免冲突。

布尔值 android:enabled 标签指定系统可以启动 Provider。如果该值为 true，则系统可以启动 Provider；反之，false 值不允许系统启动 Provider。需要注意的是，在这种情况之下，在<application> 标签和<provider> 标签中的 android:enabled 属性都需要为 true。

如果 Provider 发布到其他应用程序，则 android:exported 设置为 true。对于 android:targetSdkVersion 或者 android:minSdkVersion 设置为 16 或者更低的应用程序，默认值为 true。对于其他应用程序，默认值是 false。

属性标签 android:grantUriPermission 被用来提供对数据的一次性访问，这些数据受到权限的保护，否则它是无法通过组件访问的。如果该属性被设置为 true，则会允许组件克服由 android:readPermission、android:writePermission 和 android:permission 属性施加的限制并且被允许访问任意 Content Provider 的数据。如果该属性设置为 false 则只能授权在<grant-uri- permission>标签中列出的数据集上访问数据。该标签的默认值是 false。

　　整型值 android:initOrder 是 Provider 启动的顺序。数值越高，启动越早。如果在应用程序的 Provider 中有依赖项，那么该属性特别重要。

　　字符串 android:label 是 Content Provider 的用户可读标签。

　　布尔值 android:multiprocess 属性如果设置为 true，则允许系统在每个与它交互的应用程序的进程中创建 Provider 实例，这避免了进程间通信的开销。其默认值为 false，这意味着 Provider 只在定义它的应用程序进程中实例化。

　　字符串 android:permission 标签声明客户端必须与 Provider 交互的权限。

　　字符串 android:readPermission 和字符串 android:writePermission 定义客户端应该分别读和写 Provider 数据的权限。如果定义了这两个字符串，这些权限将取代 android:permission 值。有意思的是，尽管字符串 android:writePermission 只允许写数据库，它通常会使用到 WHERE 子句，聪明的工程师可以围绕这些子句读取数据库。所以写权限在某种程度上也被视为读权限。

　　android:process 属性定义了 Provider 应该运行的进程。通常情况下，Provider 和应用程序在同一个进程中运行。然而，如果要求在一个独立的私有进程里运行，则它可以被指定一个以冒号（:）开始的名称。如果名称以小写字母开始，则 Provider 在全局进程中实例化能够跨应用程序共享。

　　android:syncable 属性允许通过设置该值为 true 将数据同步到服务器上。false 值不允许将数据同步到服务器上。

　　一个<provider>标签可以包含 3 个子标签。第一个为<grant-uri-permission>标签，语法如下：

```
<grant-uri-permission android:path="string"
                      android:pathPattern="string"
                      android:pathPrefix="string" />
```

另一个是<path-permission>标签，其语法如下：

```
<path-permission android:path="string"
                 android:pathPrefix="string"
                 android:pathPattern="string"
                 android:permission="string"
                 android:readPermission="string"
                 android:writePermission="string" />
```

第三个是<meta-data>标签，该标签定义了与 Provider 相关的元数据，如下所示：

```
<meta-data android:name="string"
           android:resource="resource specification"
           android:value="string" />
```

注意：要提供 Provider 级别上的单独读和写，需要分别使用 android:readPermission 和 android:writePer mission。要提供通用 Provider 级别上的读/写权限，需要使用 android:permission 属性。启用临时权限，设置 android:grantUriPermissions 属性。还可以使用<grant-uri-permission>子元素实现相同功能。启用路径级别权限，可以使用<provider>的子元素——<path-permission>。

2．其他安全考虑

Content Provider 扩展了 ContentProvider 抽象类，该类有 query()、insert()、update()、delete()、getType()和 onCreate()6 个方法，这些方法全部都需要被实现。如果 Provider 不支持其中一些功能，则应该返回一个异常，该异常应当能够跨进程边界进行通信。

如果多线程正在读和写 Provider 数据，那么同步是个需要注意的问题。这可以使所有前面提到的方法通过使用关键词 synchronize（同步）来谨慎处理，因此只有一个线程可以访问 Provider。另外，android:multipleprocess=true 可设置成为每个客户端创建一个实例。延迟和性能问题在这种情况下必须进行权衡。

在某些情况下，为了保持数据的完整性，可能需要以确定的格式在 Provider 中输入数据。例如，在每个元素上附加的标签可能是必要的。为了达到这个目的，客户端不直接调用ContentProvider 和 ContentResolver类。相反，Activity 可以被委托给接口和 Provider。需要访问 Provider 数据的所有客户端发送一个 Intent 给 Activity，然后这个 Activity 执行预期的操作。

如果传递给查询的值不加验证，那么 SQL 注入可以在 Content Provider 中很轻易地被执行。下面是一个这样的例子。

```
// mUserInput is the user input
String mSelectionClause = "var = " + mUserInput;
```

恶意用户可以在这里输入任何文本，这可能是 "nothing; DROP TABLE *;" 之类的语句，这样的语句将会进行删除表的操作。开发者应该对此种情况进行 SQL 查询的辨别。用户数据应该参数化并且应当审查可能的不良 Activity。

用户可能会使用正则表达式检查用户输入的语法。以下代码段显示如何验证用户输入属于字母数字范围的字符。该代码段使用了 String 类的 matches 功能。

```
if (myInput.length() <= 0) {
  valid = false;
} else if (!myInput.matches("[a-zA-Z0-9 ]+")) {
  valid = false;
} else {
```

```
valid = true;
}
```

当在数据库上存储数据时，读者在存储之前可能喜欢对某些敏感信息进行加密，如密码和信用卡信息。请注意，加密一些字段可能会影响索引和排序的性能。此外，有一些开源的工具，如 SQLCipher for Android（http://sqlcipher.net），提供了完整的使用 256 位 AES 的 SQLite 数据库加密算法。

2.1.4 Broadcast Receiver

在 API level 1 当中介绍到，Broadcast Receiver 是一个适用于应用程序从系统或者其他应用程序接收 Intent 的机制。Receiver 的妙处在于即使应用程序不运行，它仍然接收可以触发进一步事件的 Intent。用户可能会意识不到 Broadcast 的存在。例如，希望尽快在系统启动后启动后台 Service 的应用程序，可以注册 Intent.ACTION_BOOT_CMPLETE 系统 Intent。希望自定义到一个新时区的应用程序可以注册 ACTION_TIMEZONE_CHANGED 事件。Service 发送一个 Broadcast Intent 的例子如图 2-4 所示。已经在 Android 系统注册了这样 Broadcast 的 Receiver 将接收 Broadcast Intent。

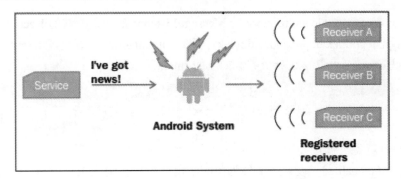

图 2-4

应用程序可以在清单文件中声明一个 Receiver。Receiver 类随后将扩展 BroadcastReceiver 类并实现 onReceive()方法。或者应用程序可以使用 Context.registerReceiver 动态地创建和注册一个 Receiver。

1．Receiver 声明

Receiver 可以在清单文件中声明如下：

```
<receiver android:enabled=["true" | "false"]
          android:exported=["true" | "false"]
```

```
        android:icon="drawable resource"
        android:label="string resource"
        android:name="string"
        android:permission="string"
        android:process="string" >
 . . .
</receiver>
```

例如，假设有两个应用程序。第一个应用程序允许用户搜索书籍并且将书籍添加到意愿清单中。第二个应用程序侦听已经将书籍添加到意愿清单的 Intent。随后第二个应用程序将意愿清单同步到服务器的清单当中。在第二个应用程序的清单文件中，Receiver声明的例子如下：

```
<receiver
  android:name="com.example.android.book2.MessageListener" >
  <intent-filter>
    <action
      android:name="com.example.android.book1.my-broadcast"/>
  </intent-filter>
</receiver>
```

Receiver com.example.android.book2.MessageListener 是一个公共的 Receiver，并且负责监听应用程序 com.example.android.book1 事件。intent-filter 标签过滤 Intent。

应用程序 book1 可以发送一个类似如下的 Intent：

```
Intent intent = new Intent();
intent.setAction("com.example.android.book1.my-broadcast");
sendBroadcast(intent);
```

<receiver>标签的属性如下。

❑ android:enabled：设置该属性为 true，允许系统实例化 Receiver。该属性的默认值为 true。该标签必须和<application>的 android:enabled 属性结合使用。两者都必须为 true，让系统实例化它。

❑ android:exported：设置这个属性为 true，使 Receiver 对系统的所有程序都可见。如果为 false，那么它只能从相同的应用程序或者具有相同用户 ID 的应用程序中接收 Intent。如果应用程序没有 Intent Filter，那么默认值为 false，因为它假定该 Receiver 是私有的。如果定义了 Intent Filter，那么默认值为 true。在前面的例子中具有 Intent Filter，所以 Receiver 对系统的其余部分是可见的。

❑ android:name：这是实现 Receiver 的类名。这是一个必需的属性并且应该是完全限定的类名。一旦声明了 Receiver，应该尽量不要改变名称，因为其他应用程序可能正在使用它，改变名称将破坏它们的功能。

❑ android:permission：利用权限保护 Receiver。使用该属性指定发送 Intent 到 Receiver 的组件应该具有的权限。如果在这里没有列出权限，那么<application>标签的权限被使用。如果没有指定权限，那么 Receiver 并没有被保护。

❑ android:process：默认情况下在应用程序的进程中实例化 Receiver。如果需要，可以在这里声明进程的名称。如果名称以冒号（:）开始，那么在一个应用程序内的私有进程中实例化它。如果以小写字母开始并且应用程序具有权限，那么它在全局进程中运行。

2．保护发送和接收 Broadcast 安全

Broadcast 有两种类型，即正常（normal）Broadcast 和有序（ordered）Broadcast。使用 Context.sendBroadcast()异步发送正常 Broadcast，并且监听它的所有 Receiver 都能接收它。而使用 Context.sendOrderBroadcast 发送的有序 Broadcast，则一次只能传递到一个 Receiver。Receiver 增加它的结果并将它发送到下一个 Receiver。在 Intent Filter 当中可以使用 android:priority 属性设置顺序。如果有多个 Filter 具有相同的优先级，那么接收 Broadcast 的顺序是随机的。

Broadcast 是异步的，发送 Broadcast 但不能保证 Receiver 能接收到它。在这种情况下应用程序必须要确保其能正常运行。

Broadcast 可以包含额外的信息。任何监听 Broadcast 的 Receiver 都可以接收一个已发送的 Broadcast，因此不在 Broadcast 中发送敏感信息是明智的。此外，可以利用权限保护 Broadcast。这是通过在 sendBroadcast()方法提供一个允许字符串完成的。只有具有适当权限的应用程序，通过使用<user-permission>声明才可以接收它。同样地，可以将允许字符串添加到 sendOrderBroadcast()方法中。

当一个进程仍然正在执行 onReceive()方法时，那么它被认为是前台进程。一旦进程离开 onReceive()方法，它就被认为是不活跃的进程并且系统将试图停止它。任何正在 onReceive()方法执行的异步操作都可能被停止。例如，当 Broadcast 被接收时启动一个 Service，应该使用 Context.startService()方法完成。

黏性 Broadcast 一直保持运行状态直到手机电源耗尽或者一些组件删除了它为止。当在 Broadcast 中的信息被更新时，则 Broadcast 被更新为较新的信息。任何具有 BROADCAST_STICKY 权限的应用程序可以删除或者发送黏性 Broadcast，因此不要在里面保存敏感信息。此外，黏性 Broadcast 不能被权限保护，所以应该尽量不要使用。

权限可以在 Receiver 中执行。正如在前面部分讨论的一样，这可以通过在清单文件

中添加权限或者通过在 registerReceiver()方法中动态添加来完成。

启动 Ice Cream Sandwich，可以通过设置 Intent.setPackage 来限制 Broadcast 只被一个应用程序接收。

有一些在 Intent 类中定义的系统 Broadcast 操作，这些事件由系统触发并且应用程序不能触发它们。不过 Receiver 可以注册以监听其任意某些事件。这其中的操作包括 ACTION_TIMEZONE_CHANGED、ACTION_BOOT_COMPLETED、ACTION_PACKAGE_ ADDED、ACTION_PACKAGE_REMOVED、ACTION_POWER_DISCONNECTED 和 ACTION_SHUTDOWN。

3．本地 Broadcast

如果 Broadcast 旨在应用程序内的组件，那么使用 LocalBroadcastManager 辅助类更好。该辅助类是 Android 支持包中的一部分。除了比发送全局 Broadcast 更加有效之外，它还更安全，因为它不离开应用程序进程并且对其他应用程序不可见。由于对应用程序来说 Broadcast 是本地的，它不需要在清单文件中声明。

本地 Broadcast 可以使用如下方式进行创建。

```
Intent intent = new Intent("my-local-broadcast");
Intent.putExtra("message", "Hello World!");
LocalBroadcastManager.getInstance(this).sendBroadcast(intent);
```

下面的代码段负责监听本地 Broadcast。

```
@Override
public void onCreate(Bundle savedInstanceState) {
  super.onCreate(savedInstanceState);
  // ... other code goes here

  LocalBroadcastManager.getInstance(this).registerReceiver(
    mMessageReceiver, new IntentFilter("my-local-broadcast"));
  }

private BroadcastReceiver mMessageReceiver = new BroadcastReceiver() {
  @Override
  public void onReceive(Context context, Intent intent) {
    String message = intent.getStringExtra("message");
    Log.d("Received local broadcast" + message);
    // ... other code goes here
  }
};
```

2.2　Intent

Intent 是 Android 内部组件通信的机制。Intent 是异步的，所以组件对它们进行操作；验证传入的 Intent 数据以及在其之上的操作是接收组件的任务。Intent 被 Android 系统用来启动 Activity 或者 Service、用来与 Service 通信、广播事件或者改变、使用挂起 Intent 接收通知以及查询 Content Provider 等。

为每一个组件处理 Intent 的机制不尽相同。因此，发送到 Activity、Service 和 Broadcast Receiver 的 Intent 只被 Android 系统发送到各自对应的位置。例如，使用 Context.startActivity()方法发送启动 Activity 的事件将只解决 Activity 匹配 Intent 的准则。同样，使用 Context.sendBroadcast()发送的 Broadcast 将被 Receiver 而不是其他组件接收。

在 Intent 发送之前，重要的是要检查是否有组件负责处理该 Intent。如果没有，应用程序将会崩溃。可以使用 PackageManager 类的 queryIntentActivities()方法查询匹配的 Intent。

注意： 任何恶意应用程序都可以发送 Intent 到公开的组件。因此，在操作之前验证输入是组件的职责所在。

Intent 基本上是在组件之间传递的序列化对象。该对象包含了一些被其他组件用来操作的信息。例如，一个使用登录证书登录用户的 Activity 会启动另一个加载先前用户使用 Context.startActivity()方法选择书籍的 Activity。在这种情况下，Intent 会包含用户账户名，这将会被用来获取存储在服务器上的书籍信息。

一个 Intent 对象通常会包含以下 4 类信息。

（1）Component Name（组件名称）：就一个显式 Intent 来说，组件名称是必需的。如果与外部组件通信或者仅是内部组件的类名，那么它必须是一个全限定的类名。

（2）Action String（操作字符串）：一个操作字符串是被执行的操作。例如，操作字符串 ACTION_CALL 将启动拨打电话。Broadcast 操作 ACTION_BATTERY_LOW 是一个提示应用程序低电量的警告。

（3）Data（数据）：这是数据和 MIME 类型的 URI。例如，对于 ACTION_CALL，数据将是 tel:类型。数据和数据类型应当同时存在。为了处理一些数据，重要的是了解其数据类型，这样就可以适当地处理。

（4）Category（分类）：分类提供了附加的关于组件可以接收的 Intent 种类的信息，从而增加进一步的限制。例如，浏览器可以安全地调用具有 CATEGORY_BROWSERABLE

分类的 Activity。

　　Intent 是异步的，所以通常没有什么预期的结果。就 Activity 来说，Intent 也可以用来启动 Activity 产生结果。这是使用 Context.startActivityForResult()方法完成的，并且结果会返回到调用的使用 finish()方法的 Activity。

　　用于 Broadcast 的 Intent 通常是关于刚发生操作的声明。Broadcast Receiver 注册监听这样的事件。一些例子包括 ACTION_PACKAGE_ADDED、ACTION_TIME_TICK、ACTION_BOOT_COMPLETED。在这种情况下，Intent 就像一个触发器，一旦事件发生就要执行一些操作。

注意：不要在 Intent 对象当中存储任何敏感信息，而是使用另外一种机制，在组件之间共享信息，如可以被权限保护的 Content Provider。

　　接收组件使用 getIntent().getExtras()方法获取添加到 Intent 类的额外信息。安全的编程实践要求应该验证和审核输入以适应于接收的值。

2.2.1　显式 Intent

　　组件可以发送一个定向 Intent 到唯一的组件。要实现这一目标，组件应该知道定向组件的完全限定名称。应用程序 A 的 Activity 发送一个显式 Intent 到应用程序 B 的 Activity 过程示意如图 2-5 所示。

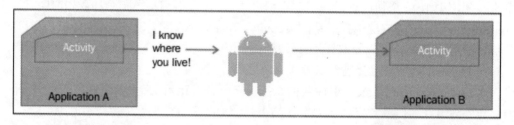

图　2-5

　　例如，一个 Activity 可以使用如下代码段调用 ViewBooksActivity 显式地与内部 Activity 通信。

```
Intent myIntent = new Intent (this, ViewBooksActivity.class);
startActivity(myIntent);
```

　　如果 ViewBooksActivity 是外部 Activity，那么组件名称应该是该类的完全限定名称。这可以使用如下方式实现：

```
Intent myIntent = new Intent (this, "com.example.android.Books.
ViewBooksActivity.class");
startActivity(myIntent);
```

由于 Intent 可以被任何应用程序截获，所以如果组件名称可用，最好显式地调用该组件。

2.2.2　隐式 Intent

如果组件的完全限定名称是未知的，那么组件可以通过指定需要与它进行的操作的接收组件进行隐式调用。随后，系统通过匹配在 Intent 对象中指定的标准去识别最适合处理 Intent 的组件。隐式 Intent 的描述如图 2-6 所示。应用程序 A 的 Activity 发送 Intent，系统搜索相关的可以处理此类 Intent 的组件（基于 Intent Filter 和权限）。

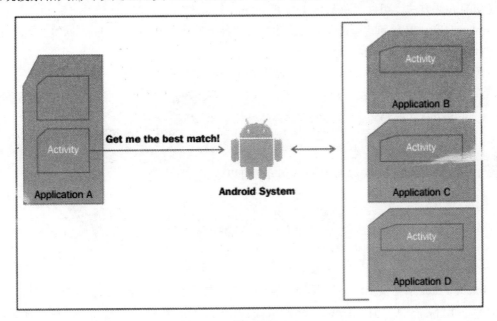

图　2-6

以下是一些隐式 Intent 的例子。

```
// Intent to view a webpage
Intent intent = new Intent(Intent.ACTION_VIEW, Uri.parse("http://www.
google.com"));
// Intent to dial a telephone number
Intent intent = new Intent(Intent.ACTION_DIAL, Uri.parse("tel:4081112222"));
```

```
//Intent to send an email
Intent intent = new Intent(Intent.ACTION_SEND);
emailIntent.setType(HTTP.PLAIN_TEXT_TYPE);
emailIntent.putExtra(Intent.EXTRA_EMAIL, new String[] {"me@example.com"});
emailIntent.putExtra(Intent.EXTRA_SUBJECT, "Hello Intent!");
emailIntent.putExtra(Intent.EXTRA_TEXT, "My implicit intent");
```

2.2.3 Intent Filter

对于由系统分解的组件，它需要在清单文件中声明为适当的标识符。这个任务使用 Intent Filter 完成。Intent Filter 定义为使用<activity>、<service>或者<receiver>声明的<intent-filter>子标签的 Activity。当分解适当的 Activity 为 Intent 时，系统只考虑 Intent 对象的 3 个方面，分别是操作、数据（URI 和 MIME 类型）和分类。所有这些 Intent 方面必须匹配成功的分解方法。组件名称只用于显式 Intent。

Intent Filter 必须包含<action>子标签并且可能包含<category>和<data>标签。<intent-filter>声明的例子如下所示。

作为应用程序起点的 Activity 可以使用如下标签来标识：

```
<intent-filter>
  <action android:name="android.intent.action.MAIN" />
  <category android:name="android.intent.category.LAUNCHER" />
</intent-filter>
```

允许用户请求 book 类型数据的 Activity 可以定义如下：

```
<intent-filter>
  <action android:name="android.intent.action.GET_CONTENT" />
  <category android:name="android.intent.category.DEFAULT" />
  <data android:mimeType="vnd.android.cursor.item/vnd.example.book"/>
</intent-filter>
```

Intent Filter 不是安全边界，并且不应该依赖于安全性。Intent Filter 不能利用权限确保安全。此外，任何具有 Intent Filter 的组件将会成为输出组件，并且任何应用程序可以发送 Intent 到这个组件。

2.2.4 挂起 Intent

就 Intent 来说，接收应用程序利用自身权限执行代码就好像它是接收应用程序的一部分。就挂起 Intent 来说，接收应用程序使用原始应用程序的标识和权限并且执行代码。

　　因此挂起 Intent 是一个应用程序给予另一个应用程序的标记,以便其他应用程序可以利用原始应用程序的权限和标识执行某段代码。即使发送应用程序进程被停止或被破坏,挂起 Intent 仍会执行。一旦事件发生,这个挂起 Intent 的属性可以完美地用来发送通知到原始应用程序。挂起 Intent 可以是显式或者隐式的。

　　至于附加的安全性,为了使只有一个组件接收 Intent,可以使用 setComponent()方法将组件添加到 Intent。默认情况下,挂起 Intent 不能被接收组件修改,这是出于安全原因所考虑的。接收组件可以编辑的唯一部分是 extras。然而,发送者设置标志来显式地启动接收组件编辑 PendingIntent。要实现这个目标,发送者设置使用 fillIn(Intent, int)方法的规则。例如,如果发送者希望接收者覆盖数据区(即便是这个数据区域已经进行了某些设置),发送者仍可以设置 FILL_IN_DATA=true。这是一个非常敏感的操作,应该谨慎完成。

2.3　小　　结

　　本章回顾了 Android 系统的 4 个组件——Activity、Service、Content Provider 和 Broadcast Receiver,以及组件间的通信机制——Intent 和 Binder。安全性始于这些组件的安全声明。作为一般的安全准则,公开信息的最小化总是一个不错的主意。所有 Android 组件都应被权限保护。Intent 是异步组件并且应该总是验证输入。Intent Filter 是减少应用程序攻击表层的好方法,但是显式 Intent 仍然可以发送 Intent 给它。在了解了 Android 组件和通信机制之后,可以继续深入到第 3 章详细了解有关 Android 权限方面的内容。

第3章 权　　限

权限是本章的重点。它们是 Android 应用程序的组成部分，并且几乎所有应用程序开发者和用户都会在同一时间或不同时间遇到它们。正如在第 1 章中讨论的那样，安装时应用程序审查是最重要的安全环节。这一步骤是由用户做全有或全无的决定：即用户要么接受所有列出的权限，要么拒绝下载应用程序。因此，作为 Android 手机用户，重要的是了解权限以便做出关于应用程序安装的决定。权限奠定了保护组件和用户数据安全的基础。

本章将会从 Android 系统的既有权限的介绍开始，陆续讨论 4 种权限保护等级：Normal、Dangerous、Signature 和 SignatureOrSystem。随后，将会讨论如何使用权限保护应用程序及其组件安全。接下来学习如何通过添加用户自定义权限来扩展权限模型。本部分将讨论权限组、权限树和在清单文件中创建新权限的语法。

3.1　权限保护等级

在应用程序层，Android 安全是基于权限的。Android 系统使用这种基于权限的模型来保护系统资源，如相机、蓝牙，以及诸如文件和组件等的应用程序资源。应用程序应该具有操作和使用这些资源的权限。要使用这些资源的任何应用程序需要向用户声明它将要访问这些资源。例如，如果应用程序要发送和阅读短信，那么需要在清单文件中声明 android.perm ission.SEND_SMS 和 android.permission.READ_SMS。

权限也是应用程序间访问控制的有效方法。应用程序的清单文件当中通常都会包含权限列表。希望访问这个应用程序资源的任何外部应用程序应该具有这些权限。有关这部分内容将在第 4 章中更详细地讨论。

所有 Android 权限均在 Manifest.permission 类中声明为常量。然而，这个类并没有提及权限的类型。这可以用来检查 Android 源代码。笔者试图在以下部分列出一些权限。权限列表根据功能不断变化着，所以最好去参阅 Android 源代码获得最新的权限清单。例如，android.permission.BLUETOOTH 在 API level 1 已存在，但是 android.permission.AUTHENTICATE_ACCOUNTS 被加入到 API 5。读者可以在 source.android.com 获取 Android 源代码的信息。

所有 Android 权限均在 4 个保护等级之中。任何保护等级的权限都需要在清单文件中声明。第三方应用程序只能使用保护等级 0 和 1 的权限。这些保护等级如下所述。

❑ Normal 权限：在这个等级（等级 0）的权限不能做太多危害用户的事。它们一般不花费用户的钱，但是它们可能会给用户造成某些烦恼。当下载应用程序时，这些权限可以通过单击"查看全部（See All）"箭头进行查看。这些权限被自动地授予给应用程序。例如，权限 android.permission.GET_PACKAGE_SIZE 和 android.permission.FLASHLIGHT 允许应用程序分别获取任何安装包的大小和访问手电筒。

以下是一些在本书写作时期存在于 Android 系统的 Normal 权限列表。其中，用于设置用户首选项的权限包括：

➢ android.permission.EXPAND_STATUS_BAR

➢ android.permission.KILL_BACKGROUND_PROCESSES

➢ android.permission.SET_WALLPAPER

➢ android.permission.SET_WALLPAPER_HINTS

➢ android.permission.VIBRATE

➢ android.permission.DISABLE_KEYGUARD

➢ android.permission.FLASHLIGHT

允许用户访问系统或者应用程序信息的权限包括：

➢ android.permission.ACCESS_LOCATION_EXTRA_COMMANDS

➢ android.permission.ACCESS_NETWORK_STATE

➢ android.permission.ACCESS_WIFI_STATE

➢ android.permission.BATTERY_STATS

➢ android.permission.GET_ACCOUNTS

➢ android.permission.GET_PACKAGE_SIZE

➢ android.permission.READ_SYNC_SETTINGS

➢ android.permission.READ_SYNC_STATS

➢ android.permission.RECEIVE_BOOT_COMPLETED

➢ android.permission.SUBSCRIBED_FEEDS_READ

➢ android.permission.WRITE_USER_DICTIONARY

用户应当谨慎请求的权限包括 android.permission.BROADCAST_STICKY，该权限允许应用程序发送即使在传递 Broadcast 后仍保持存活的黏性 Broadcast。

❑ Dangerous 权限：在这个保护等级（等级 1）的权限总是对用户可见。授予应用程序 Dangerous 权限允许它们访问设备功能和数据。这些权限会导致用户隐私和财务损失。例如，授予 Dangerous 权限，如 android.permission.ACCESS_FINE_LOCATION 和 android.permission.ACCESS_COARSE_LOCATION，将会允许应用程序访问用户的位置信息；如果应用程序不需要这个功能，那么这就会引起隐私问题。同样，授予应用程序 android.permission_READ_SMS 和 android.permission.SEND_SMS 权限，将允许应用程序发送和接收短信，这也会引起隐私问题。

在任意给定的位置上，用户可以进入设置并且选择应用程序来查看授予的权限。参考图 3-1，在图片当中显示适用于 Gmail 应用程序的权限。第一张图片显示总是向用户显示的 Dangerous 权限。注意下拉菜单按钮 Show All（显示全部）。该选项显示了应用程序请求的所有权限。注意其中的 Hardware controls（硬件控制）权限和默认不对用户显示的 Normal 权限。

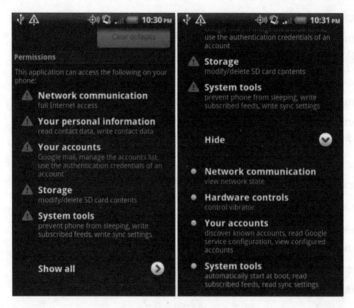

图　3-1

以下是一些在本书写作时期存在于 Android 系统的 Dangerous 权限的列表。

一些 Dangerous 权限对用户来说是代价昂贵的。例如，发送短信或者订阅付费资讯的应用程序可以使用户产生巨大的开销。例如：

- ➢ android.permission.RECEIVE_MMS
- ➢ android.permission.RECEIVE_SMS
- ➢ android.permission.SEND_SMS

> android.permission.SUBSCRIBED_FEEDS_WRITE

能改变手机状态的权限包括下面列出的这些权限。这些权限应该谨慎使用，因为它们可能会造成系统的不稳定、带来一些不必要的麻烦以及可能使得系统变得更不安全。例如，挂载和卸载文件系统的权限可以改变手机状态。具有录音权限的任何恶意应用程序可以很容易地将手机内存填满垃圾语音信息。

> android.permission.MODIFY_AUDIO_SETTINGS
> android.permission.MODIFY_PHONE_STATE
> android.permission.MOUNT_FORMAT_FILESYSTEMS
> android.permission.WAKE_LOCK
> android.permission.WRITE_APN_SETTINGS
> android.permission.WRITE_CALENDAR
> android.permission.WRITE_CONTACTS
> android.permission.WRITE_EXTERNAL_STORAGE
> android.permission.WRITE_OWNER_DATA
> android.permission.WRITE_SETTINGS
> android.permission.WRITE_SMS
> android.permission.SET_ALWAYS_FINISH
> android.permission.SET_ANIMATION_SCALE
> android.permission.SET_DEBUG_APP
> android.permission.SET_PROCESS_LIMIT
> android.permission.SET_TIME_ZONE
> android.permission.SIGNAL_PERSISTENT_PROCESSES
> android.permission.SYSTEM.ALERT_WINDOW

一些 Dangerous 权限会产生隐私泄露的风险。允许用户阅读短信、日志和日历的权限会容易被僵尸网络和木马所利用，使得远程所有者可以在命令窗口当中做一些感兴趣的事情。

> android.permission.MANAGE_ACCOUNTS
> android.permission.MODIFY_AUDIO_SETTINGS
> android.permission.MODIFY_PHONE_STATE
> android.permission.MOUNT_FORMAT_FILESYSTEMS
> android.permission.MOUNT_UNMOUNT_FILESYSTEMS
> android.permission.PERSISTENT_ACTIVITY

- android.permission.PROCESS_OUTGOING_CALLS
- android.permission.READ_CALENDAR
- android.permission.READ_CONTACTS
- android.permission.READ_LOGS
- android.permission.READ_OWNER_DATA
- android.permission.READ_PHONE_STATE
- android.permission.READ_SMS
- android.permission.READ_URER_DICTIONARY
- android.permission.USE_CREDENTIALS

❑ Signature 权限：在这个保护等级（等级 2）的权限允许两个由相同开发者开发的应用程序访问彼此的组件。如果即将被下载的应用程序与声明权限的应用程序具有相同的证书，那么这个权限被自动授予该应用程序。例如，应用程序 A 定义了权限 com.example.permission.ACCESS_BOOK_STORE。应用程序 B 与应用程序 A 有着相同的证书签名，应用程序 B 在它的清单文件中声明了该权限。由于应用程序 B 和应用程序 A 具有相同的证书，所以当安装应用程序 B 时，这个权限将不显示给用户。用户当然可以使用 See All 操作来查看这个权限。应用程序可以利用这组权限执行真正强大的操作。例如，应用程序可以利用 android.permission.INJECT_EVENTS 权限向任意应用程序注入事件，如密钥、触摸和追踪球；并且利用 android.permission. BROADCAST_SMS 权限广播短信应答。这个由 Android 系统定义的且属于这个保护组的权限只预留给系统应用程序。

在这个等级的一些权限允许应用程序使用系统级的功能。例如，ACCOUNT_MANAGER 权限允许应用程序使用账户认证，BRIK 权限允许应用程序禁用手机。以下是在本书写作期间 Signature 权限的部分列表。要获得完整参考请查看 Android 源代码或者 Manifest.permission 类：

- android.permission.ACCESS_SURFACE_FLINGER
- android.permission.ACCOUNT_MANAGER
- android.permission.BRICK
- android.permission.BIND_INPUT_METHOD
- android.permission.SHUTDOWN
- android.permission.SET_ACTIVITY_WATCHER
- android.permission.SET_ORIENTATION
- android.permission.HARDWARE_TEST

> ➢ android.permission.UPDATE_DEVICE_STATS
> ➢ android.permission.CLEAR_APP_USER_DATA
> ➢ android.permission.COPY_PROTECTED_DATA
> ➢ android.permission.CHANGE_组件_ENABLED_STATE
> ➢ android.permission.FORCE_BACK
> ➢ android.permission.INJECT_EVENTS
> ➢ android.permission.INTERNAL_SYSTEM_WINDOW
> ➢ android.permission.MANAGE_APP_TOKENS

该等级的某些权限允许应用程序发送系统级的 Broadcast 和 Intent，如广播 Intent 和短信。这些权限包括：

> ➢ android.permission.BROADCAST_PACKAGE_REMOVED
> ➢ android.permission.BROADCAST_SMS
> ➢ android.permission.BROADCAST_WAP_PUSH

该等级的一些其他权限允许应用程序访问第三方应用程序所没有的系统级数据。这些权限包括：

> ➢ android.permission.PACKAGE_USAGE_STATS
> ➢ android.permission.CHANGE_BACKGROUND_DATA_SETTING
> ➢ android.permission.BIND_DEVICE_ADMIN
> ➢ android.permission.READ_FRAME_BUFFER
> ➢ android.permission.DEVICE_POWER
> ➢ android.permission.DIAGNOSTIC
> ➢ android.permission.FACTORY_TEST
> ➢ android.permission.FORCE_STOP_PACKAGES
> ➢ android.permission.GROBAL_SEARCH_CONTROL

❑ SignatureOrSystem 权限：与 Signature 保护等级一样，这个权限被授予具有与定义权限的应用程序相同证书的应用程序。此外，这个保护等级包括具有与 Android 系统映像相同证书的应用程序。该权限等级主要用于由手机制造商、运营商和系统应用程序创建的应用程序，其他第三方应用程序则不允许这些权限。这些权限允许应用程序执行一些非常强大的功能。例如，android.permission.REBOOT 权限允许应用程序重启设备；android.permission.SET_TIME 权限允许应用程序设置系统时间。

在本书写作时期存在的一些 SignatureOrSystem 权限列表如下：

> ➢ android.permission.ACCESS_CHECKIN_PROPERTIES
> ➢ android.permission.BACKUP
> ➢ android.permission.BIND_APPWIDGET
> ➢ android.permission.BIND_WALLPAPER
> ➢ android.permission.CALL_PRIVILEGED
> ➢ android.permission.CONTROL_LOCATION_UPDATES
> ➢ android.permission.DELETE_CACHE_FILES
> ➢ android.permission.DELETE_PACKAGES
> ➢ android.permission.GLOBAL_SEARCH
> ➢ android.permission.INSTALL_LOCATION_PROVIDER
> ➢ android.permission.INSTALL_PACKAGES
> ➢ android.permission.MASTER_CLEAR
> ➢ android.permission.REBOOT
> ➢ android.permission.SET_TIME
> ➢ android.permission.STATUS_BAR
> ➢ android.permission.WRITE_GSERVICES
> ➢ android.permission.WRITE_SECURE_SETTINGS

3.2　应用程序级权限

向应用程序请求权限有两种方式。第一，应用程序声明其为了正常运行所请求的权限。例如，即将发送短信的应用程序将在清单文件中声明这样的权限。第二，应用程序可以声明试图与其交互的其他应用程序应该具有的权限。例如，应用程序可以声明任何希望与它的组件之一交互的应用程序应该具有访问相机的权限。这些类型的权限必须在清单文件中声明。下面逐一进行解释。

<uses-permission>标签在<manifest>标签内声明，并声明了应用程序为其能够正常运行所应该请求的权限。该标签的语法如下：

```
<uses-permission android:name=" " />
```

用户下载应用程序时，必须接受这些权限。android:name 是权限名称。一个声明该标签的例子如下所示。以下权限声明用户即将安装的应用程序将会访问用户的短信：

```
<uses-permission android:name="android.permission.READ_SMS"/>
```

<application>标签当中有个名为 android:permission 的属性,该属性为组件声明通用权限。这些权限所代表的是那些试图与这个应用程序组件交互的任何应用程序需要具有的权限。以下代码显示了与 MyApplication 组件交互的应用程序应该具有访问相机的权限:

```
<application android:name="MyApplication" android:icon="@drawable/
icon" android:label="@string/app_name""android.permission.CAMERA"/>
```

在接下来的内容当中将会讲述到单个组件也可以设置权限。组件权限将会使用 <application>标签去覆盖权限。前面所叙述的方法是为所有组件声明通用权限时的最佳方法。

3.3 组件级权限

使用该权限可以保护所有 Android 组件,如图 3-2 所示。

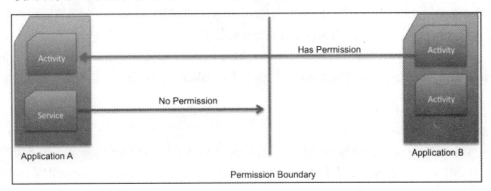

图   3-2

接下来将会讲述每个组件的权限相关声明和执行过程。

3.3.1 Activity

任何 Activity 都可以受到权限的保护,这可以通过调用在<activity>标签中的 Activity 声明的权限。例如,一个具有 com.example.project.ORDER_BOOK 自定义权限的 OrderActivity 声明如下所示,任何试图启动 OrderActivity 的组件都需要具有这个自定义权限。

```
<activity android:name=".OrderActivity" android:permission="com.
example.project.ORDER_BOOK" android:exported="false"/>
```

就 Activity 来说，通过使用 Context.startActivity()和 Context.startActivityForResult()方法能够让权限在启动 Activity 时开始执行。一旦组件启动时没有拥有适当的权限，则会抛出 SecurityException 异常。

3.3.2　Service

任何 Service 都可以通过在<service>标签列出需要的权限以得到权限的保护。例如，识别基于关键字的短信的 FindUsefulSMS Service 声明了 android.permission.READ_SMS。该权限的声明如下所示，任何试图启动 FindUsefulSMS 的组件都需要具有这个权限。

```
<service android:name=".FindUsefulSMS" android:enabled="true"
  android:permission="android.permission.READ_SMS">
</service>
```

Service 的权限执行在使用 Context.startService()启动 Service 时完成。使用 Context.stopService()停止 Service，使用 Context.bindService()绑定到 Service。一旦请求组件时没有拥有适当的权限，则会抛出 securityException 异常。

如果 Service 公开其他应用程序可以绑定的绑定接口，那么当使用 Context.checkCallingPermission()绑定到绑定者（binder）时，调用者（caller）权限则可以被查看。

3.3.3　Content Provider

可以利用在<provider>标签中指定的权限保护 Content Provider 的安全。在下面的这个例子当中，任意需要与 Provider 通信的组件都应该具有 android.permission.READ_SMS 权限。

```
<provider
  android:authorities="com.example.android.books.contentprovider"
  android:name=".contentprovider.MyBooksdoContentProvider"
  android:grantUriPermissions="true"
  android:Permission="android.permission.READ_CALENDAR"/>
```

正如在第 2 章中所讨论的一样，<provider>标签也具有细粒度的读和写权限属性。为了能够读取<provider>标签，应用程序应该具有读权限，这将会在 ContentResolver.query()中进行检查。为了能够更新、删除和插入 Provider，组件应该具有读和写权限，这些权限在 ContentResolver.insert()、ContentResolver.update()和 ContentResolver.delete()当中进行检查。未能具有适当权限将导致调用者抛出 securityException 异常。

　　<grant-uri-permission>标签是<provider>的子标签，它被用于在有限时间里授权访问一些特定的 Provider 数据集。考虑这样一个应用程序保存短信到数据库的例子。这当中的一些短信可能有附加的照片。为了使应用程序能够正确查看这些短信将会启动图像查看器，该查看器有可能不能为 Provider 所访问。URI（Universal Resource Identifier）权限将允许图像查看器具有对特定图像的读权限。在前面的例子中，Provider 设置 android:grantIriPermission="true"，图像查看器将具有对全部 Provider 的读权限。这将带来一定的安全风险。为了给予有限的访问，Provider 可以声明希望对 URI 权限开放的部分 Provider。

　　该 URI 权限的语法如下：

```
<grant-uri-permission android:path="string"
  android:pathPattern="string"
  android:pathPrefix="string" />
```

注意：URI权限是非递归的。

　　最有趣的是可以使用通配符和模式去定义哪些 Provider 能够执行 URI 权限，如下所示：

```
<grant-uri-permission android:pathPattern="/picture/" />
```

　　一旦使用 Context.revokeUriPermission()完成任务，切记要吊销 URI 权限。

3.3.4　Broadcast Receiver

　　利用权限保护 Broadcast 有两种方法。第一，Receiver 利用权限保护自身，所以它只接收它希望监听的 Broadcast；第二，Broadcaster 选择可以接收 Broadcast 的 Receiver。关于这部分内容的详细信息将在随后进行讨论。

　　任何 Receiver 可以通过调用在<receiver>标签中的 Receiver 声明的权限受到保护。例如，MyListener Receiver 声明 android.permission.READ_SMS 权限，其权限声明代码如下所示。此时，MyListener 将会只从具有 android.permission.READ_SMS 权限的 Broadcaster接收 Broadcast。

```
<receiver android:name=".MyListener"
android:permission="android.permission.READ_SMS">
  <intent-filter>
    <action android:name=
      "android.provider.Telephony.SMS_RECEIVED" />
  </intent-filter>
</receiver>
```

提示：黏性 Broadcast 不受权限保护。

接收 Broadcast 所需的权限在传递 Broadcast Intent 后检查，即在 Context.sendBroadcast() 调用返回之后。所以，如果 Broadcaster 没有适当的权限将不会抛出异常；只是这样将不会传递 Broadcast。如果使用 Context.registerReceiver()动态创建 Receiver，那么在创建 Receiver 时可以设置权限。

在第二种情况下，Broadcaster 限制 Receiver 所能接收的 Intent 可以使用 sendBroadcast() 方法完成。下面的这个例子展示的是只被发送到具有 android.permission.READ_SMS 权限的应用程序的 Broadcast。

```
Intent intent = new Intent();
intent.setAction(MY_BROADCAST_ACTION);
sendBroadcast(intent, "android.provider.Telephony.SMS_RECEIVED");
```

注意：与组件一起声明的权限将不会授权给应用程序。这些权限最终将授予那些包含试图与之进行交互的组件的应用程序。

3.4　扩展 Android 权限

开发者可以通过添加他们自己的权限来对权限系统进行扩展。这些权限将在应用程序下载期间显示给用户，所以重要的是保证它们能够得到适当的本地化和标签信息。

3.4.1　添加新的权限

开发者可以选择只添加新权限或者是添加整个权限树。声明新权限在清单文件中完成。要添加新权限，应用程序可以使用<permission>标签声明，如以下代码段所示：

```
<permission android:name="string"
         android:description="string resource"
         android:icon="drawable resource"
         android:label="string resource"
         android:permissionGroup="string"
         android:protectionLevel=["normal" | "dangerous" |
                         "signature" | "signatureOrSystem"] />
```

上述代码段中为新权限组所使用的属性描述如下。

❑　android:name：所要声明的新权限的名称。

❑　android:description：所要声明的新权限的详细描述。

❑ android:icon：权限图标。

❑ android:label：在安装时显示给用户的标签。

❑ android:permissionGroup：分配权限给既有的用户定义组或新组。如果没有指定名称，权限不属于任何组。后续部分当中将会讨论如何创建权限组。

❑ android:protectionLevel：指定新权限的保护等级。这些保护等级已在本章当中讨论过。

下面是一个实际的例子：

```
<permission android:name="com.example.android.book.READ_BOOKSTORE"
            android:description="@string/perm_read_bookstore"
            android:label="Read access to books database"
            android:permissionGroup="BOOKSTORE_PERMS"
            android:protectionLevel="dangerous"/>
```

为了更好地服务于本地化和维护操作，推荐使用字符串资源。

在声明一个新权限时，请确保在<uses-permission>标签中对它进行声明。

3.4.2 创建权限组

使用<permission-group>标签可以创建权限组。这是权限的逻辑分组，当向用户展示这些权限时，它们作为整体一起展示。创建权限组语法如下：

```
<permission-group android:name="string"
                  android:description="string resource"
                  android:icon="drawable resource"
                  android:label="string resource" />
```

上述代码段中创建新权限组所使用的属性描述如下。

❑ android:name：新的权限组的名称，该名称类似于之前在<permission>标签中提到的名称。

❑ android:description：所声明的新权限组的详细描述。

❑ android:icon：权限组图标。

❑ android:label：安装时显示的标签。

例如，创建具有书店权限的权限组定义如下：

```
<permission-group android:description="@string/perm_group_bookstore"
                  android:label="@string/perm_group_bookstore_label"
                  android:name="BOOKSTORE_PERMS" />
```

3.4.3　创建权限树

如果需要权限像命名空间那样进行排列，可以创建权限树，应用程序可以声明 <permission-tree>标签。有关权限树的例子如下：

```
com.example.android.book
com.example.android.book.READ_BOOK
com.example.android.book.bookstore.READ_BOOKSTORE
com.example.android.book.bookstore.WRITE_BOOKSTORE
```

这个标签不定义任何新权限，它只为组权限创建命名空间。笔者在这里需要指出，该理念被一些开发者所使用，这些开发者通常拥有多个应用程序，并且所有应用程序之间都需要进行相互通信。<permission-tree>标签可以按照如下方式进行定义：

```
<permission-tree android:name="string"
                 android:icon="drawable resource"
                 android:label="string resource" />
```

上述代码段中创建新权限树所使用的属性描述如下。

- ❑　android:name：新权限树的名称。该名称应该有至少 3 个被句点（.）隔开的部分，例如，com.example.android 是正确的，而 com.example 则是错误的。
- ❑　android:icon：权限树图标。
- ❑　android:label：安装时显示给用户的标签。

例如：

```
<permission-tree android:name="com.example.android.book"
                 android:label="@string/perm_tree_book" />
```

3.5　小　　结

权限是 Android 应用程序安全性的核心。本章详细地讲述了有关权限的内容，学习了 4 个权限保护等级、如何利用权限保护组件以及如何定义新权限。对权限模型的认知和理解对开发者和 Android 手机的用户来说都是至关重要的。在学习了组件、组件间通信和权限的相关知识之后，接下来将要进入第 4 章的内容，学习如何定义应用程序的策略文件。

第 4 章 定义应用程序的策略文件

本章将会汇集所有到目前为止所学习的内容。在这里将会使用应用程序组件、Intent 以及权限,并且把它们放在一起来定义应用程序策略文件。该策略文件名为 AndroidManifest.Xml,它是截至目前为止最为重要的应用程序文件。正如读者所看到的那样,该文件是为应用程序和组件定义访问控制策略的"场所",该文件也可用来定义应用程序和 Android 系统将用来与应用程序交互的组件等级特性。

本章将从对 AndroidManifest.xml 文件的讨论开始,讲述两个重要的标签:<manifest> 和<application>,这两个标签截至目前还没有进行过讨论。随后,将会讨论能够在清单文件(manifest)当中执行的一些操作,如声明权限、与其他应用程序共享进程、外部存储以及管理组件可见性。在本章最后,将会讨论在发布应用程序之前的策略文件检查清单。读者可以根据所使用的实际情况对该检查清单进行修订。一旦拥有这样一个比较全面的清单,那么最后在每次发布新版本时都可以参考它。

4.1   AndroidManifest.xml 文件

所有 Android 应用程序都需要有清单文件。该文件必须命名为 AndroidManifest.xml 且必须放置于应用程序的根目录当中。这个清单文件就是应用程序的策略文件。它声明了应用程序组件、可见性、访问规则、库、功能特性以及应用程序能够正常运行的最低 Android 版本。

Android 系统使用清单文件作为组件解决方案。因此,AndroidManifest.xml 文件在整个应用程序中是迄今为止最重要的文件,当定义它来试图加强应用程序的安全性时需要特别谨慎。

清单文件不是可扩展的,所以应用程序不能向该文件添加自身的属性或标签。完整的可以嵌套的标签列表如下:

```
<uses-sdk><?xml version="1.0" encoding="utf-8"?>
<manifest>
    <uses-permission />
    <permission />
```

```
<permission-tree />
<permission-group />
<instrumentation />
<uses-sdk />
<uses-configuration />
<uses-feature />
<supports-screens />
<compatible-screens />
<supports-gl-texture />
  <application>
    <activity>
        <intent-filter>
            <action />
            <category />
            <data />
        </intent-filter>
        <meta-data />
    </activity>
    <activity-alias>
        <intent-filter> </intent-filter>
        <meta-data />
    </activity-alias>
    <service>
        <intent-filter> </intent-filter>
        <meta-data/>
    </service>
    <receiver>
        <intent-filter> </intent-filter>
        <meta-data />
    </receiver>
    <provider>
        <grant-uri-permission />
        <meta-data />
        <path-permission />
    </provider>
    <uses-library />
  </application>
  </manifest>
```

　　上述代码中所涉及的大部分标签在前面章节中已经有所涉及。在这些标签当中，只有<manifest>和<application>这两个标签是必需的标签。其中所声明组件没有特定的顺序。

　　<manifest>标签负责声明应用程序特定属性。其声明如下：

```
<manifest xmlns:android="http://schemas.android.
  com/apk/res/android"
        package="string"
        android:sharedUserId="string"
        android:sharedUserLabel="string resource"
        android:versionCode="integer"
        android:versionName="string"
        android:installLocation=["auto" | "internalOnly" |
          "preferExternal"] >
</manifest>
```

　　下面的代码片段是一个使用<manifest>标签的例子。在这个例子当中，软件包被命名为 com.android. example，其内部版本为 10，用户能够看到的外部版本是 2.7.0。基于有空间即可存储应用的原则，该软件包的安装位置是由 Android 系统所决定的。

```
<manifest package="com.android.example"
  android:versionCode="10"
  android:versionName="2.7.0"
  android:installLocation="auto"
  xmlns:android="http://schemas.android.com/apk/res/android">
```

　　<manifest>标签所包含的属性如下。

❑　　package：软件包的名称。这是应用程序的 Java 风格命名空间，例如 com.android. example。该名称是应用程序的唯一 ID。如果改变了已发布的应用程序的名称，那么它会被认为是一个新的应用程序并且自动更新将不能正常运行。

❑　　android:sharedUserId：如果两个或更多的应用程序共享相同的 Linux ID，则使用该属性。关于该属性的详细讨论将在随后的部分进行。

❑　　android:sharedUserLabel：共享用户 ID 的用户可读名称，只在设置 android:shared UserId 属性后才会有效。该属性必须作为字符串资源。

❑　　android:versionCode：内部使用的由应用程序跟踪修正的版本代码。当应用程序升级为更新版本时会引用该代码。

❑　　android:versionName：显示给用户的应用程序版本。它可以设置为原始字符串（raw string）或者作为引用，仅用于显示给用户。

❑　　android:installLocation：该属性定义了 APK 将要安装的位置。在本章后续部分将詳细讨论这个属性。

应用程序标签定义如下：

```
<application android:allowTaskReparenting=["true" | "false"]
             android:backupAgent="string"
             android:debuggable=["true" | "false"]
             android:description="string resource"
             android:enabled=["true" | "false"]
             android:hasCode=["true" | "false"]
             android:hardwareAccelerated=["true" | "false"]
             android:icon="drawable resource"
             android:killAfterRestore=["true" | "false"]
             android:largeHeap=["true" | "false"]
             android:label="string resource"
             android:logo="drawable resource"
             android:manageSpaceActivity="string"
             android:name="string"
             android:permission="string"
             android:persistent=["true" | "false"]
             android:process="string"
             android:restoreAnyVersion=["true" | "false"]
             android:supportsRtl=["true" | "false"]
             android:taskAffinity="string"
             android:theme="resource or theme"
             android:uiOptions=["none" |
                "splitActionBarWhenNarrow"] >
</application>
```

<application>标签的例子如以下代码段所示。在本例中，设置了应用程序名称、描述、图标和标签。同时，设置应用程序是不可调试的，且 Android 系统能够实例化组件。

```
<application android:label="@string/app_name"
    android:description="@string/app_desc"
    android:icon="@drawable/example_icon"
    android:enabled="true"
    android:debuggable="false">
</application>
```

许多<application>标签的属性作为在应用程序内部声明的组件的默认值。这些标签包含 permission、process、icon 以及 label。其他属性如 debuggable 和 enabled 为整个应用程序设置。<application>标签的属性如下。

❑ android:allowTaskReparenting：该值可以被<activity>元素所覆盖。该属性用于设定 Activity 能够从启动它的任务中转移到另一个与启动它的任务有亲缘关系的任务中，转移时机是在这个有亲缘关系的任务被带到前台的时候。

❑ android:backupAgent：应用程序备份代理的名称。

❑ android:debuggable：该属性设置为 true 时允许调试应用程序。该值在应用市场发布该应用程序之前应该一直设置为 false。

❑ android:description：应用程序的用户可读描述，通常被设置作为字符串资源的引用。

❑ android:enabled：该属性如果设置为 true，那么 Android 系统可以实例化应用程序组件。该属性可以被组件所覆盖。

❑ android:hasCode：该属性如果设置为 true，意味着在启动组件时，应用程序将尝试加载某些代码。

❑ android:hardwareAccelerated：当该属性设置为 true 时允许应用程序支持硬件加速渲染。在 API level 11 被引入。

❑ android:icon：应用程序图标，作为 drawable 资源的引用。

❑ android:killAfterRestore：该属性如果设置为 true，在全系统（full-system）还原期间一旦设置被还原，应用程序将会被终止。

❑ android:largeHeap：这个属性允许 Android 系统为应用程序创建一个大 Dalvik 堆并增加应用程序内存覆盖区，所以应该谨慎使用。

❑ android:label：应用程序的用户可读标签。

❑ android:logo：应用程序的 logo。

❑ android:manageSpaceActivity：该属性值是管理应用程序内存的 Activity 的名称。

❑ android:name：该属性包含了在启动其他组件之前将被实例化的子类的完全限定名称。

❑ android:permission：该属性可以被组件锁覆盖，用于设置客户端必须与应用程序交互的权限。

❑ android:persistent：该属性通常被系统应用程序使用，允许应用程序一直运行。

❑ android:process：这是组件运行的进程名称。它可以被任何组件的 android:process 属性覆盖。

❑ android:restoreAnyVersion：该属性允许备份代理尝试恢复，即使当前存储的备份比现在尝试恢复的版本还要新。

❑ android:supportsRtl：当该属性设置为 true 时，支持从右至左的布局。在 API level

17 当中被引入。

- ❑　android:taskAffinity：这个属性除非被 Activity 显式设置，否则允许所有 Activity 与包名称有关联。
- ❑　android:theme：应用程序样式资源的应用。
- ❑　android:uiOption：如果该属性设置为 none，则没有附加的 UI 选项；如果设置为 splitActionBarWhenNarrow，那么当屏幕范围有所限制时，则 bar 将被设置在底部。

接下来的部分将讨论如何使用策略文件来满足特定的要求。

4.2　应用程序策略用例

本节将讨论如何使用清单文件定义应用程序策略。在此之前，已经使用过这些用例并且将讨论如何在策略文件实现这些用例。

4.2.1　声明应用程序权限

在 Android 平台上的应用程序为了正常运行必须要去声明它想要使用的资源。这就是当应用程序下载时显示给用户的权限。正如在第 3 章当中所讨论的一样，应用程序也可以定义一些自定义的权限。应用程序权限应该是描述性的，以便用户能够正确理解。同时，作为一般的安全规则，请求所需的最小权限是非常重要的。

在清单文件中使用<uses-permission>标签声明应用程序权限。下面的这个代码段当中演示了使用 GPS 来获取位置信息的基于位置的清单文件，如下所示：

```
<uses-permissionandroid:name="android.
  permission.ACCESS_COARSE_LOCATION" />
<uses-permissionandroid:name="android.
  permission.ACCESS_FINE_LOCATION" />
<uses-permissionandroid:name="android.
  permission.ACCESS_LOCATION_EXTRA_COMMANDS" />
<uses-permissionandroid:name="android.
  permission.ACCESS_MOCK_LOCATION" />
<uses-permissionandroid:name="android.permission.INTERNET" />
```

当应用程序安装时，将会给用户显示这些权限可以通过应用程序下的设置菜单来查看这些权限，如图 4-1 所示。

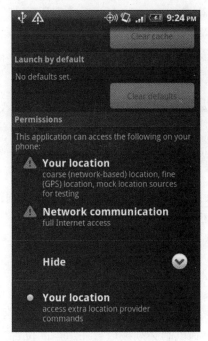

图　4-1

4.2.2　为外部应用程序声明权限

　　清单文件也声明外部应用程序（不使用相同 Linux ID）需要访问应用程序组件的权限。这可以在策略文件当中的两个位置之一进行设置：在<application>标签，或者是组件在<activity>、<provider>、<receiver>和<service>标签。

　　如果具有应用程序的所有组件需要的权限，那么可以很容易在<application>标签中指定它们。如果组件需要某些特定的权限，那么可以在特定的组件标签中定义它们。记住，只有一个权限可以在任何标签中声明。如果组件被权限保护，那么组件权限覆盖在<application>标签中声明的权限。

　　下面的这段代码所展示的是一个需要外部应用程序具有 android.permission.ACCESS_COARSE_LOCATION 权限去访问它的组件和资源的应用程序的例子。

```
<application
    android:allowBackup="true"
    android:icon="@drawable/ic_launcher"
    android:label="@string/app_name"
```

```
android:permission="android.
    permission.ACCESS_COARSE_LOCATION">
```

如果一个 Service 需要访问它的任何应用程序组件应该能够访问外部存储器，那么可以定义如下：

```
<service android:enabled="true"
    android:name=".MyService"
        android:permission="android.
            permission.WRITE_EXTERNAL_STORAGE">
</service>
```

如果策略文件具有所有前述的标签，那么当外部组件请求这个 Service 时，它应该具有 android.permission.WRITE_EXTERNAL_STORAGE 权限，因为这个组件将覆盖由应用程序标签声明的权限。

4.2.3　使用相同 Linux ID 运行的应用程序

在应用程序间共享数据总是比较棘手的一个事件。维护数据机密性和完整性并不像想象中容易。适当的访问控制机制必须被放置在适当的位置，该位置会基于谁有权访问多少数据的信息来进行选择。本节将讨论如何与内部应用程序（由相同开发者密钥签名）共享应用程序数据。

Android 是一个分层架构，应用程序被操作系统本身执行隔离。不论何时在 Android 设备上安装应用程序，Android 系统都会给它一个唯一的由系统定义的用户 ID。请注意图 4-2 当中的两个应用程序，即 example1 和 example2，是作为单独用户 ID app_49 和 app_50 运行的应用程序。

```
 ● ○ ○                 platform-tools — adb — 80×9
app_33    491   37    159244 31092 ffffffff 400113c0 S com.android.quicksearchbo
x
app_49    521   37    157524 32428 ffffffff 400113c0 S com.example.example1
root      535   46    704    324   c003d800 4000d284 S /system/bin/sh
root      537   535   660    348   c0099f1c 400107b4 S logcat
root      538   46    704    332   c003d800 4000d284 S /system/bin/sh
app_50    572   37    159020 33872 ffffffff 400113c0 S com.example.example2
root      586   538   900    348   00000000 40010458 R ps
#
```

图　4-2

不过，应用程序可以向系统请求选择的用户 ID，其他的应用程序也可以请求相同的用户 ID。这将创建紧密的结合并且不需要组件对其他应用程序可见或者创建共享 Content Provider。这种紧密的结合在所有要在相同进程中运行的应用程序的 manifest 标签中完成。

下面的代码段当中所演示的就是两个使用相同用户 ID 的应用程序，即 com.example.example1 和 com.example.example2 的清单文件，如下所示：

```
<manifest xmlns:android="http://schemas.android.
  com/apk/res/android"
    package="com.example.example1"
    android:versionCode="1"
    android:versionName="1.0"
    android:sharedUserId="com.sharedID.example">
<manifest xmlns:android="http://schemas.android.
  com/apk/res/android"
    package="com.example.example2"
    android:versionCode="1"
    android:versionName="1.0"
    android:sharedUserId="com.sharedID.example">
```

图 4-3 当中显示了两个应用程序正在设备上运行，这两个应用程序是 com.example.example1 和 com.example.example2，现在具有相同的应用程序 ID——app_113。

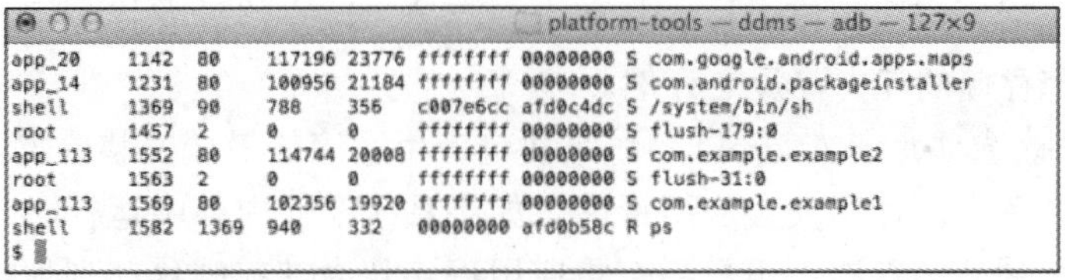

图　4-3

读者可能注意到了共享的 UID 遵循一定的格式，这有些类似于软件包的名称。任何其他命名约定将导致错误，如安装错误：INSTALL_PARSE_FAILED_BAD_SHARED_USER_ID。

提示：所有共享相同UID的应用程序应该具有相同的证书。

4.2.4　外部存储

从 API level 8 开始，Android 支持在外部设备（如 SD 卡）上存储 Android 应用程序（APK 文件）。这有助于释放手机内部存储空间。一旦移动 APK 文件到外部存储，那么只有应用程序所占用的内存才会作为存储在内部存储的应用程序的隐私数据。需要注意的是，即使是在 SD 卡上存储 APK 文件，DEX（Dalvik Executable）文件、隐私数据目录和本地共享库仍将保存在内部存储当中。

可以在清单文件中添加一个可选属性来启用这项功能。基于 APK 的当前存储位置，此类应用程序的应用程序信息屏会显示"移动到 SD 卡上（move to the SD card）"，或者是"移动到拨号键盘（move to a phone button）"。随后用户可以根据相应的选项来移动 APK 文件。

如果外部设备未安装或者 USB 模式设置为大容量存储（设备被用作磁盘驱动器），所有正在运行的宿主于外部设备的 Activity 和 Service 会立即被停止。外部存储及其安全分析的详细内容将在第 7 章进行讲述。本节将讨论如何在策略文件中指定外部存储的首选项。

启用在外部设备当中存储 APK 的功能是通过在应用程序清单文件的<manifest>元素中添加 android:installLocation 可选属性来完成的。android:installLocation 属性具有以下 3 个值。

- ❑ InternalOnly：Android 系统将只在内部存储安装应用程序。在内部存储不足的情况下则会返回存储错误信息。
- ❑ PreferExternal：Android 系统将尝试在外部存储安装应用程序。在外部存储不足的情况下，应用程序会被安装在内部存储。用户将具有将应用程序从外部移动到内部存储的能力，反之亦然。
- ❑ auto：该选项允许 Android 系统来决定应用程序的最佳安装位置。默认系统策略是首先在内部存储安装应用程序。如果系统在低内存中运行，那么应用程序会被安装到外部存储。用户具有将应用程序从内部存储移动到外部存储的能力，反之亦然。

例如，如果 android:installLocation 设置为 auto，而在设备上运行着低于 2.2 的 Android 版本，那么系统将忽略这个功能并且 APK 将只能安装在内部存储。以下是应用程序具有这个选项的清单文件的代码段。

```
<manifest package="com.example.android"
  android:versionCode="10"
  android:versionName="2.7.0"
  android:installLocation="auto"
xmlns:android="http://schemas.android.
  com/apk/res/android">
```

图 4-4 是具有前面指定的清单文件的应用程序的截图。注意，此时的"移动到 SD 卡（Move to SD card）"按钮是处于激活状态的。

在另一个应用程序中，android:installLocation 未设置，此时"移动到 SD 卡"按钮被禁用，如图 4-5 所示。

图　4-4　　　　　　　　　　　　　　　　　　　　图　4-5

4.2.5　设置组件可见性

任何应用程序组件，即 Activity、Service、Provider 和 Receiver 可以设置为对外部应用程序是可发现的。本节将会讨论这种场景的细节内容。

任何 Activity 或者 Service 可以通过设置 android:exported=false 成为私有的。这也是 Activity 的默认值。参看以下两个私有 Activity 的例子。

```
<activity android:name=".Activity1" android:exported="false" />
<activity android:name=".Activity2" />
```

然而，如果添加 Intent Filter 到 Activity，那么 Activity 将变为在 Intent Filter 中对 Intent 可发现。因此，作为安全边界不应该依赖 Intent Filter。下面是有关 Intent Filter 声明的例子。

```
<activity
    android:name=".Activity1"
    android:label="@string/app_name" >
<intent-filter>
    <action android:name="android.intent.action.MAIN" />
    <category android:name="android.intent.category.LAUNCHER" />
```

```
    </intent-filter>
</activity>
<activity android:name=".Activity2">
    <intent-filter>
        <action android:name="com.example.android.
intent.START_ACTIVITY2" />
    </intent-filter>
</activity>
```

Activity 和 Service 都可以被外部组件要求的访问权限保护，这可以使用组件标签的 android:permission 属性来实现。

Content Provider 可以使用 android:exported=false 设置为私有访问，这也是 Provider 的默认值。在这种情况下，只有具有与之相同 ID 的应用程序能够访问该 Provider，这可以通过设置 Provider 标签的 android:permission 属性进一步限制这种访问。

可以通过使用 android:exported=false 设置 Broadcast Receiver 成为私有的。如果 Receiver 不包含任何 Intent Filter，那么该值将会作为它的默认值。在这种情况下，只有具有相同 ID 的组件可以发送 Broadcast 到 Receiver。如果 Receiver 包含 Intent Filter，那么它是可发现的并且 android:exported 的默认值为 false。

4.2.6　调试

在应用程序的开发期间，通常会将应用程序设置为调试模式，该模式下允许开发者查看详细日志并且可以进入应用程序内检查错误，这可以通过在<application>标签中设置 android:debuggable 为 true 来完成。为了避免安全漏洞，在发布应用程序之前将该属性设置为 false 是非常重要的。

android:debuggable 的默认值为 false。

4.2.7　备份

从 API level 8 开始，应用程序可以选择备份代理来备份设备到云端或者服务器。这可以通过在清单文件中的<application>标签中将 android:allowBackup 设置为 true，并且设置 android:backupAgent 为类名来创建。android:allowBackup 的默认值设置为 true，如果希望停用备份，应用程序可以设置它为 false。android:backupAgent 没有默认值而且应该指定为类名。

这种备份的安全问题是有争议的，因为用于备份数据的 Service 是不同的，并且敏感数据如用户名和密码可能会被损害。

4.2.8　融会贯通

以下的例子将会利用目前所学知识来分析为 RandomMusicPlayer 提供 Android SDK 示例的 AndroidManifest.xml。

清单文件当中指定了这是 com.example.android.musicplayer 应用程序的第一个版本。它在 SDK 14 上运行但是最早可支持 SDK 7。在这个应用程序当中使用到了两个权限，即 android.permission.INTERNET 和 android.permission.WAKE_LOCK。应用程序具有一个名为 MainActivity 的应用程序入口点的 Activity、一个名为 MusicService 的 Service 和一个名为 MusicIntentReceiver 的 Receiver。

MusicService 定义了名为 PLAY、REWIND、PAUSE、SKIP、STOP 和 TOGGLE_PLAYBACK 的自定义操作。

Receiver 使用由 Android 系统定义的 android.media.AUDIO_BECOMING_NOISY 和 android.media.MEDIA_BUTTON 操作 Intent。

注意其中的组件不被权限所保护。AndroidManifest.xml 文件的例子如图 4-6 所示。

```xml
<manifest xmlns:android="http://schemas.android.com/apk/res/android"
    package="com.example.android.musicplayer"
    android:versionCode="1"
    android:versionName="1.0">

    <uses-sdk android:minSdkVersion="7" android:targetSdkVersion="14" />

    <uses-permission android:name="android.permission.INTERNET" />
    <uses-permission android:name="android.permission.WAKE_LOCK" />

    <application android:icon="@drawable/ic_launcher" android:label="@string/app_title">

        <activity android:name=".MainActivity"
            android:label="@string/app_title"
            android:theme="@android:style/Theme.Black.NoTitleBar">
            <intent-filter>
                <action android:name="android.intent.action.MAIN" />
                <category android:name="android.intent.category.LAUNCHER" />
            </intent-filter>
        </activity>

        <service android:exported="false" android:name=".MusicService">
            <intent-filter>
                <action android:name="com.example.android.musicplayer.action.TOGGLE_PLAYBACK" />
                <action android:name="com.example.android.musicplayer.action.PLAY" />
                <action android:name="com.example.android.musicplayer.action.PAUSE" />
                <action android:name="com.example.android.musicplayer.action.SKIP" />
                <action android:name="com.example.android.musicplayer.action.REWIND" />
                <action android:name="com.example.android.musicplayer.action.STOP" />
            </intent-filter>
            <intent-filter>
                <action android:name="com.example.android.musicplayer.action.URL" />
                <data android:scheme="http" />
            </intent-filter>
        </service>

        <receiver android:name=".MusicIntentReceiver">
            <intent-filter>
                <action android:name="android.media.AUDIO_BECOMING_NOISY" />
            </intent-filter>
            <intent-filter>
                <action android:name="android.intent.action.MEDIA_BUTTON" />
            </intent-filter>
        </receiver>

    </application>
</manifest>
```

图　4-6

4.3　示例检查清单

在本节当中，笔者试图组建一个准备发布应用程序的版本时建议参考的示例清单。这是一个很普通的版本，读者应该使它兼容自己的用例和组件。当创建一个检查清单时，应该考虑与整个应用程序相关的问题，这些问题是特定于组件的；同时还应当考虑设置组件和应用程序规范可能出现的问题。

4.3.1　应用程序级

在这里笔者列出了一些当定义应用程序特定的首选项时应该扪心自问的一些问题。它们可能会影响用户查看、存储和感知应用程序的方式。这些可能会被问到的应用程序级的问题如下：

❑　想与所开发的其他应用程序共享资源吗？
　➢　指定了唯一用户 ID 吗？
　➢　会为另一个应用程序有意或者无意地定义这个唯一 ID 吗？
❑　应用程序需要一些功能如照相机、蓝牙和短信吗？
　➢　应用程序需要所有的权限吗？
　➢　是否有另一个已经定义的更严格的权限？记住最小权限原则。
　➢　所有还是少数应用程序的组件需要这个权限？
　➢　再次检查所有权限的拼写。即使权限拼写是不正确的，应用程序仍会编译并运行。
　➢　如果已经定义了这个权限，那么这是所需要的正确的权限吗？
❑　应用程序在哪个 API level 运行？
❑　应用程序可以支持的最低 API level 是什么？
❑　有应用程序需要的所有外部库吗？
❑　还记得在发布之前要关闭 debug 属性吗？
❑　如果正在使用备份代理，那么请记住在这提及它。
❑　还记得设置版本号吗？这在应用程序升级期间会有所帮助。
❑　希望设置自动升级吗？
❑　还记得使用解锁密钥签名应用程序吗？
❑　有时设置特定的屏幕方向会不允许应用程序在某个设备上可见。例如，如果应用程序只支持肖像模式，那么它不会在只支持横向模式的设备上出现。

- ❑ 想在哪里安装 APK？
- ❑ 如果没有及时接收 Intent，有可能会停止运行的 Service 吗？
- ❑ 想要一些其他应用程序级设置，如系统恢复组件的功能吗？
- ❑ 如果定义一个新的权限，请反复考虑是否真的需要它们。没准已经有存在的权限，它会覆盖当前的用例。

4.3.2　组件级

一些在策略里想要考虑的组件级问题在下面列出。这些是应该询问的关于每个组件的问题。

- ❑ 定义了所有组件吗？
- ❑ 如果在应用程序使用第三方库，定义所有将使用的组件吗？
- ❑ 有特定的第三方库在应用程序中所预期的设置吗？
- ❑ 希望这个组件对其他应用程序可见吗？
- ❑ 需要添加一些 Intent Filter 吗？
- ❑ 如果组件不应该是可见的，需要添加 Intent Filter 吗？请记住只要添加了 Intent Filter，组件就变为可见的。
- ❑ 其他组件需要一些特定的权限来触发这个组件吗？
- ❑ 验证权限名称的拼写。
- ❑ 应用程序需要一些功能如照相机、蓝牙和短信吗？

4.4　小　　结

在本章中学习了如何定义应用程序策略文件。清单文件是应用程序最重要的构件，应该非常谨慎地进行定义。清单文件当中声明了应用程序所要求的权限和外部应用程序需要访问它的组件的权限。与策略文件一起被定义的还有 APK 的存储位置以及应用程序将要运行的最低 SDK。策略文件公开了对应用程序不敏感的组件。在本章的结尾，讨论了一些当编写清单文件时开发者应该了解的常见样例问题的检查清单。

本章是对本书的第一部分的全面总结，在这部分中了解到了 Android 应用程序架构。接下来将会转移到本书的下一部分，进而关注用户数据的安全存储。

第 5 章　尊重您的用户

在对 Android 平台、应用程序安全架构和组件有了清晰的认识之后，接下来开始进入最具挑战性的学习：数据保护。正如之前所说的那样，作为应用程序开发者，开发者的可信度取决于开发如何安全地处理用户数据。因此本章以"尊重您的用户"命名。

本章将会讲述保护用户数据安全的重要性和意义的基础。首先会从评估数据和 CIA 三元组的安全性为基准的讨论开始。紧接着结合一个书店应用程序的例子，分别从资产、威胁以及攻击场景运行该应用程序。随后将会讨论移动生态环境及其不同组件如何影响用户数据的安全。最后，讲述一下 Android 数字版权管理（Digital Rights Management，DRM）架构。

5.1　数据安全的原则

本节将会讨论数据安全的 3 个原则，即保密性（confidentiality）、完整性（integrity）和可用性（availability），这通常被称为是 CIA。任何在设备或者服务器上的数据存储都应该满足这 3 个安全属性。理解这些标准将有助于评估确保数据存储安全解决方案的可靠程度。这 3 个原则通常表示为 CIA 三元组，如图 5-1 所示。

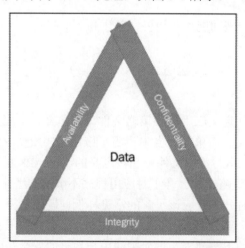

图　5-1

5.1.1　保密性

保密性是安全的第一支柱，并且它注重于数据隐私。该原则确保隐私数据远离被窥探，并且隐私数据只对具有适当访问权限的用户可用。例如，Android 应用程序的隐私数据应该只对应用程序的组件或者具有适当权限（假设使用权限保护数据）的其他组件是可访问的。Linux 操作系统沙箱和权限负责执行保密性。在另一种情况下，包含敏感数据的加密文件可能存在于 SD 卡。即使设备或者 SD 卡已经被入侵，但是这些信息仍不会被泄露，这是通过使用密码学来执行这种保密性。保密性的另一个例子是设备在某个不活动期锁闭并且需要用户凭证解锁。请注意 Linux 内核默认不支持文件系统加密，因此在存储之前加密敏感数据是至关重要的。

5.1.2　完整性

数据完整性确保数据在传输过程中或者静止时不会被有意无意间修改。例如，不适当的写入到数据库的表中可能会导致意外的完整性问题。因此除非能够真正了解，否则总是推荐使用内置的同步方法来执行数据完整性。故意的数据完整性破坏可以发生在应用程序与服务器通信的传输期间。在数据传输过程当中，中间人可以监听并且改变这些数据。为了规避这种欺骗的行为，数据完整性原则总是推荐当与服务器通信时加密数据并且使用安全套接层（Secure Socket Layer，SSL）协议。对于附加的安全，可以使用校验和（checksum）。此外，SSL 还需要 CA 证书验证链，这很少在 Android 应用程序使用。

5.1.3　可用性

数据可用性确保在需要数据时，这些数据能够立即可用。应用程序应该不允许未经授权的用户访问敏感信息。

5.2　识别资产、威胁和攻击

没有什么是绝对安全的。当讨论数据安全时，需要识别正在保护的是什么以及从谁那里保护。以下 3 个问题有助于思考如何实施数据安全：

（1）试图要保护什么？从 Android 应用程序的角度来看，当前试图保护的是用户的用户名和密码？还是用户可能通过应用程序输入进行支付的优惠券和信用卡号码？又或者是保护用户使用应用程序购买的歌曲或者图片的权限？通过回答这一系列问题就能够很轻易地确定要保护的资产。

（2）试图保护谁的资产？换句话说，目前的威胁是什么？是试图保护用户数据不被其他应用程序所窃取？还是试图保护这些信息不被其他自己所开发的应用所使用？即使设备被盗，还需要保护相关资产吗？

（3）攻击是什么？回答这个问题有助于识别在应用程序中的漏洞。从黑客的角度思考如何在应用程序中利用漏洞。

回答上面提到的 3 个问题将有助于确定资产的价值，以及愿意在保护这些资产方面所花费多少的时间和精力。在这里可以尝试以一个示例应用程序回答上述问题。还是回到书店应用程序上来，在这里用户可以在目录中浏览书籍、将书籍添加到意愿清单以及订购运送给用户的书籍。在应用程序当中记录了有关用户的基本信息，如最近的作者、用户浏览的类别、语言以及用户名信息，所以当用户登录时，应用程序做出某些建议并且让用户倍感亲切。应用程序还为用户提供商店信用卡号码、邮寄地址和姓名，以便用户在准备支付书籍时容易结账。

下面开始尝试解答前面提到的第一个问题：试图保护什么？在上述的例子中所涉及的资产是：

❑ 姓名
❑ 信用卡号码
❑ 邮寄地址
❑ 最近搜索的作者
❑ 最近搜索的语言
❑ 最近搜索的类别
❑ 用户名
❑ 密码
❑ 书籍意愿清单

图 5-2 当中展示了在该例子中不同的敏感数据构件。

请注意并非所有需要保护的资产都同样重要。存储机制基于信息的敏感性作出相应的决定。例如，信用卡号码和密码（如果它们被存储在设备上）需要被强制保护。可以对这些信息进行加密并且也可以存储这些信息的哈希值，代替以原始形式存储这些信息。传输当中加密这些信息，还可以使用 SSL 协议以确保通信安全。用户首选项的漏失，如语言、作者和类别没有重大的风险。即使这些信息漏失，用户还可以再次创建。

上述的分析还引发了对于个人身份信息（Personally Identifiable Information，PII）是

使用胖客户端还是瘦客户端的有关争论。胖客户端在设备上存储了大量信息，所以应用
程序也随之在设备上存储 PII。瘦客户端则依赖于后端服务器，将所有负担都留在服务器
端，它们在设备上存储最少的信息。这是一个很好的方法，因为设备可能会丢失或者被
盗；随后的风险就转变为缺乏有效保护的用户数据。

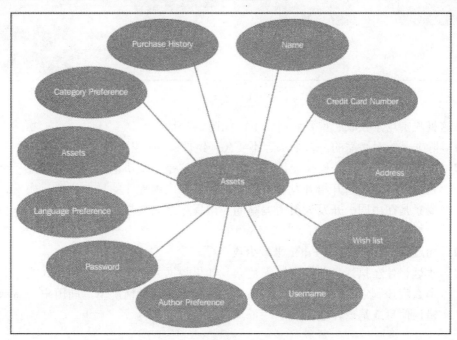

图 5-2

接下来，需要找出相应攻击场景。有关这部分内容的讨论可以使用下面的例子来进
行，如图 5-3 所示。

假设用户安装了一个恶意应用程序，该应用程序现在试图使用各种不同的方法来窃
取用户信息，如图 5-3 所示。第一种情况，它试图访问不同的数据库表并提取用户信息。
这是一个窃取隐私信息的典型例子。如果使用权限保护数据库表，那么用户信息将会处
于一个相对安全的环境。如果 Content Provider 检查组件的身份，那么用户信息将会在更
安全的场景下运行。

另一种情况，一个恶意应用程序会发送广播信息，这些广播信息携带着接收应用程
序会尝试遵照的或者是恶意应用程序尝试启动其他应用程序组件的不良数据，或者是携
带着可能会导致其他应用程序崩溃的不规范数据。因此，在执行之前检查调用应用程序
的身份并审查输入数据是十分重要的。

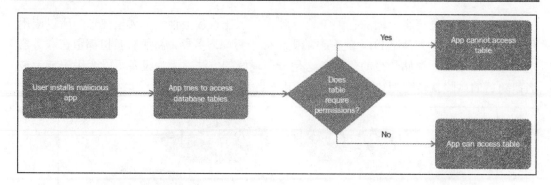

图　5-3

从这种攻击场景吸取的重要教训如下，如图 5-4 所示。

❑　除非是绝对必需的，否则永远不要公开组件。保持组件私有是第一道防线。

❑　如果公开组件，要确保使用权限保护它。这是一个决定是否将组件公开给整个
系统或者是仅公开给开发者所开发出的其他应用程序的最佳位置。如果此时的
场景是在由同一开发人员所编写的应用程序之间共享组件，可以定义一些自定
义权限。

❑　通过指定一些 Intent Filter 来减少攻击面。

❑　永远记住在执行之前检查输入数据。如果数据并不是所要求的格式或者形式，
那么应该制定某种完美退出该场景的计划。在这种情况下，向用户去显示一条
错误信息或是一种选择。

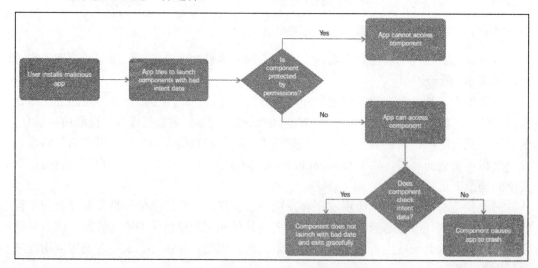

图　5-4

　　其他场景可能包括从连接到流氓 WiFi 的设备监听数据交换的恶意应用程序。这些应用程序可以拦截信息、修改信息、假装用户连接的服务器或者完全屏蔽数据流。所有的这些场景之下都会有安全风险，如图 5-5 所示。

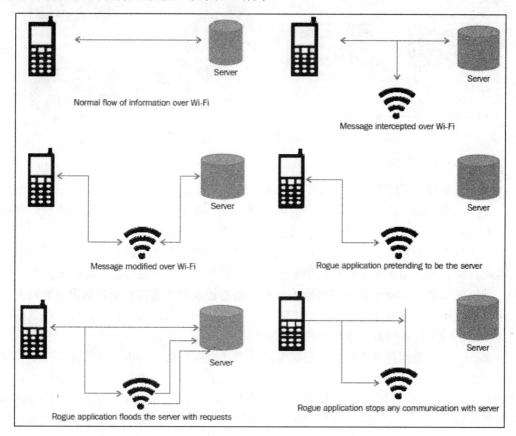

图　5-5

　　另一个例子是恶意应用程序更改在设备上存储的数据。用户可能甚至都没意识到信息已经被更改的事实。假设应用程序已经被本地化为不同语言，并且用户设置了首选语言。在以下的这个场景当中，用户的首选语言从英语改变为日语。在用户下次登录时，应用程序使用日语打开。虽然在这个例子当中，用户可能觉得安全风险并不是很大，给他本人带来了一些不便之处；但这个例子恰恰证明了信息修改是另一个安全风险的观点，如图 5-6 所示。

　　如果隐私信息如信用卡信息、密码以及社保号码被盗，那么这就是非常严重的安全风险。提醒用户关于安全漏洞的计划必须经过深思熟虑。不恰当地访问用户首选项和意愿列表，可能会引起用户烦恼，但不能作为这样的隐私风险来对待。

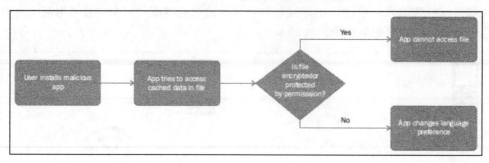

图　5-6

存储的对象与位置

上述分析形成了应用程序开发者必须思考的两个重要结论。

第一，应用程序开发者必须决定他所希望从用户收集的信息。正如最小特权原则那样，在此处也存在着最小存储原则。最小存储原则结果是最小风险和责任。应用程序开发者应该总是试图卸载个人身份信息（PII）的存储。例如在上面的例子当中，应用程序可能不愿意存储信用卡详细信息、账单地址以及有关支付的其他信息。支付是一个相当棘手的领域，诸如 PayPal 此类的公司会在结算流程给用户予帮助。处理信用卡号码的任何应用程序还建议应当遵循 PCI（支付卡行业，Payment Card Industry）标准，在该标准当中列出了应用程序和服务器必须遵从的要求。

第二，用户数据存储于何处。在现今的分布式数据存储环境中，开发者有许多存储选项可以选择。如存储在设备上、服务器上、云上或者第三方应用程序上。移动设备不应该被认为是安全的存储位置，这在一定程度上是因为它很容易被盗或丢失，同时还因为大多数设备不具备先进的安全机制，如安全因素以及台式机和笔记本电脑具有的双启动等。密码、密钥、大型内容文件、PII 和其他敏感信息应该在后端服务器上存储。再次重申，为这些服务器配置防火墙是重要的。

第 7 章中将会再次讨论这个例子，在那里将会基于前述分析来决定适当存储选项和保护机制。

5.3　端到端安全

大约十年前，音乐存储在磁带和磁盘上、照片存在于相册中、手机只用于紧急情况。闪回到如今，越来越多的生活被数字化了。朋友的或家人的、喜欢的或不喜欢的图片、通讯录，甚至购买历史和信用卡号码也数字化了。来想象下用户丢失了手机的场景吧。除了设备的金融价值和与存储内容相关的情感价值，最大的风险就是用户在设备上存储的个人信息的危害。这些信息可能包括 PII，这可以识别个体如姓名、社保号码、出生日期和母亲的娘家姓。它还可以包括访问密码、通讯录和短信数据。即使是拥有设备的用户，这种风险仍然潜伏并且设备会因恶意软件而受损。

5.3.1　移动生态系统

如图 5-7 所示，在移动生态系统有不同的组件如设备、网络、用户在设备上安装的应用程序、原始设备制造商（Original Equipment Manufacturers，OEM）以及消费者的设备和与之交互的其他服务。

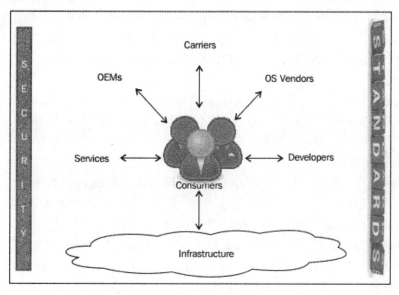

图　5-7

下面更进一步地来看看这些组件。

❑　消费者：整个生态系统都在围绕着消费者，以及消费者如何与不同的生态系统交互。

❑　设备制造商：也称为 OEM，即生产硬件设备的公司，如 HTC、摩托罗拉、三星和 LG 都设计并制造 Android 设备。除了设备的尺寸和风格之外，每个设备制造商都不约而同地把精力投入到他们的片上系统（Systems On Chip，SOC）、设备驱动以及影响应用程序在不同设备上运行方式的固件上来。开发者如果已经在不同设备上测试了自己的应用程序，那么应该能够很容易地注意到这些差别。在硬件级的任何安全缺陷会影响使用这个硬件的所有设备。此外，硬件缺陷也很难进行修补。

❑　操作系统供应商：Android 是开源的操作系统并且制造商有权修改它或者使用自己的软件。例如，设备制造商可能决定使用不同的 WebKit 引擎、音乐播放器或者屏幕，而不使用 Android 堆所绑定的那些软件包。这将导致应用程序在不同的设备运行和外观不同。在这些专有软件包里的安全缺陷可能导致应用程序受损。运行操作系统特定版本的所有设备都受这个缺陷的影响。在软件包的缺陷通常可以修补并且推荐用户一直保持软件更新。

❑　运营商：AT&T、Sprint、Verizon、Orange 和 Vodafone 都是提供使移动设备正常运行的基础设施的运营商。它们为设备提供数据和语音计划，也与设备制造商（在大多数情况下也是操作系统供应商）合作在系统映象中绑定他们的自定义应用程序。它们也可能与 OEM 合作以适应安全规则满足其需求。例如，它们会向 OEM 要求在不必征得用户同意或者显示权限请求的情况下，直接加载或者安装应用程序。

❑　服务：设备与之交互的服务如云备份服务。在大多数情况下，用户安装与后端交互的客户端。其他服务可以是支付服务（如 PayPal）、邮件服务（如 Gmail），以及社交网络服务（如 Facebook 和 Twitter）。这些服务大多数作为第三方应用程序提供给用户。

❑　应用程序开发者：将应用程序上传到应用商店（如 Google Play 和 Amazon）的个体应用程序开发者或者开发者小组。此类应用程序的例子包括实用应用程序、游戏、内容消费应用程序。本书的大部分读者均属于此分类。

❑　基础设施：这是移动基础设施骨干的技术和协议。包括码分多址（Code Division Multiple Access，CDMA）、全球移动通信系统（Global System for Mobile，GSM）、全球微波互联接入（Worldwide Interoperability for Microwave Access，WiMAX）、无线应用协议（Wireless Application Protocol，WAP）以及感应技术如 NFC、RFID 和蓝牙。这些技术的安全缺陷可以使应用程序容易受到攻击。

❑　标准和安全：这是在本书撰写时仍然在演变的移动生态系统的两个版块。

正如所注意到的那样，在移动生态系统当中有许多参与者，因而增加了风险面和威胁面。此外，并不是所有移动领域的主流参与者都协同工作，在某些情况下对彼此甚至会造成复杂的攻击模型。另外，制造商为目标市场生产设备，这是一个复杂的领域，有着不断移动和发展的部分。从端到端的视角看待安全，不难发现应用程序开发者的唯一动力是他们所开发的应用程序。设备或者操作系统的其他任何缺陷都可能会导致安全漏洞。例如，操作系统的缺陷可以导致提权并使应用程序作为 root。在这种情况下，这个 root 应用程序可以访问在设备上的所有信息。所有应用程序会受到影响，但如果开发者使用良好的安全标准，那么他们的影响是最小的。

提示： 应用程序开发者的唯一动力是他们所开发的应用程序。任何恶意用户可以利用设备硬件、操作系统或者加载应用程序的弱点，进而访问用户数据。

例如，书店应用程序与数据库进行通信，发送信息到服务器上并缓存一些数据。这个过程当中的所有环节都需要保护。如果设备正在使用某种感应技术如近距离无线通信（Near Field Communication，NFC）、蓝牙或者无线射频识别（Radio Frequency Identification，RFID）来交换数据，重要的是理解安全风险和与这些技术相关的新的附加场景。

在第 6 章当中将会讨论可以用来确保数据在传输过程中安全的加密算法。

5.3.2　数据的 3 种状态

首先来看看在典型的移动应用程序中的信息流。再次回到之前的那个书店应用程序上来。在该应用程序当中，用户可以在目录浏览书籍、添加书籍到意愿清单，以及订购运送给用户的书籍。应用程序记录了关于用户的基本信息，如最近的作者、用户浏览书籍的类别，以及语言和用户名。用户的信用卡号码、邮寄地址和姓名也一并被存储以方便付款。

图 5-8 显示了这样一种潜在的场景。书店应用程序在设备上使用 SQLite DB 数据库和 Flats Files 作为缓存。应用程序在外部服务器存储账户详细信息、书籍目录和意愿清单并且使用 WiFi 连接到后端服务器。

在任何给定时刻，数据可以存储在一个位置、从一个节点传送到其他节点，或是在已经执行的进程中。这里将数据的这 3 种状态称为静态数据（data at rest）、传输中数据（data in transit）和使用中数据（data in use），如图 5-9 所示。下面进一步讲述这 3 种状态。

（1）静态数据：在某种存储介质如 SD 卡、设备内存、后端服务器和数据库上存储的数据。这些数据处于不活跃的状态。在前面讲述的例子中，存在于平面文件、SQLite DB 数据库表和后端服务器上的数据都被认为是静态数据。

（2）使用中数据：目前正在处理的数据称为使用中数据。这类数据的例子包括正在从数据库表访问的数据、使用 Intent 发送给应用程序组件的数据，以及当前正在写入或者读出的文件。

（3）传输中数据：数据从一个节点转移到另一个节点称为传输中数据。从数据库查询响应转移到应用程序的数据是传输数据的例子。

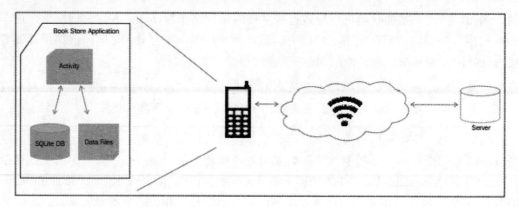

图　5-8

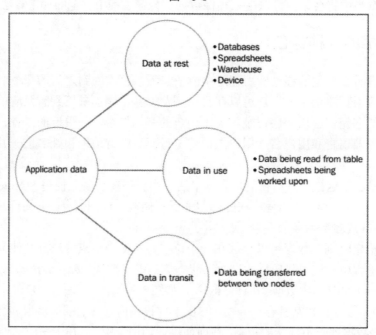

图　5-9

当处理数据和考虑端到端安全时，保护这 3 种状态的数据是非常重要的。

5.4　数字版权管理

数字版权管理（Digital Rights Management，DRM）是数字内容（如音乐、电子书、应用程序、视频和电影等）的访问控制技术。访问控制基于与内容相关的版权对象，该版权对象包含内容的限制使用、分发以及复制的规则。DRM 方案如 OMA DRM v1 和 OMA DRM v2 由开放移动联盟（Open Mobile Alliance，OMA）开发，但是许多设备制造商有专有的 DRM 方案。

DRM 系统包含如下的一些组件，如图 5-10 所示。

- ❑　内容服务器：设备从中获取媒体内容的服务器。
- ❑　版权服务器：设备在这个服务器获取版权对象。版权对象通常是具有与内容相关的权限和限制的 XML 文件。
- ❑　DRM 代理：该代理存在于设备当中，并且是关联内容、版权、版权执行和内容权限的可信机构。
- ❑　存储设备：存储内容和版权对象的设备。它可能是手机、平台电脑，或者外部存储如 SD 卡或者甚至云存储。

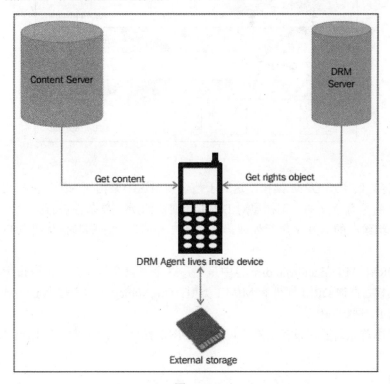

图　5-10

可以在 www.openmobilealliace.org 上阅读到关于 OMA DRM 的完整的规范。OMA

DRM 1.0 支持模型如内容转发锁定（forward locking of content，即内容不能转发到另一个设备）、组合传送（combined delivery，即内容和版权对象一起传送），以及单独传送（separate delivery，即内容和版权对象分别从不同的服务器获取）。OMA DRM v2.0 的安全基于 PKI，这无疑会更加安全。制造商可以挑选希望在设备上支持的 DRM 方案，也可以相应地实现或者修改 DRM 方案。

Android 从 API 11 开始支持 DRM。Android 对 DRM 的支持是开放的，所以制造商可以选择他们自身的 DRM 代理，这可以由在两个架构层之间执行 DRM 架构来实现。Android 开发者网站（developer.android.com）当中对于此部分内容的概略显示如图 5-11 所示。

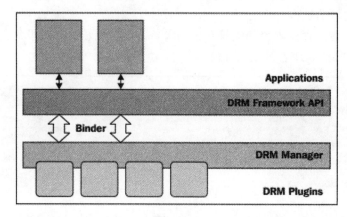

图   5-11

DRM 管理器实现 DRM 架构，这对于整合使用这个架构作为插件的首选 DRM 代理的设备制造商是有意义的。架构层对 DRM 管理器的所有复杂性进行抽象，并且给开发者公开了一组统一的 API 来进行处理。这些 API 和应用程序的其他代码在 Dalvik VM 中运行。

所有 DRM API 在 android.drm 包中呈现，这个包包含类和接口来取得版权信息、关联内容和版权、查询 DRM 插件和 MIME 类型。DrmManager 类为每个 DrmManagerClient 提供唯一的 ID 进行操作。

应用程序首先需要在设备上查找可用的 DRM 插件。这可以使用 DrmManagerClient 类来完成，如下所示：

```
DrmManagerClient mDrmManagerClient = new
DrmManagerClient(getContext());
String[] plugins = mDrmManagerClient.getAvailableDrmEngines();
```

下一步是注册 DRM 服务器并且下载版权对象：

```
DrmManagerClient mDrmManagerClient = new DrmManagerClient(context);
DrmInfoRequest infoRequest = new DrmInfoRequest(DrmInfoRequest.TYPE_
RIGHTS_ACQUISITION_INFO, MIME);
mDrmManagerClient.acquireDrmInfo(infoRequest);
```

第三步是从版权对象当中提取证书信息。这使用 DrmManager 的 getConstraint()方法完成，如下所示：

```
ContentValues constraintsValues = mDrmManager.getConstraints(String
path, int action);
ContentValues constraintsValues = mDrmManager.getConstraints(Uri uri,
int action);
```

接着需要关联内容和版权对象。这可以通过在 DrmManager 的 saveRights()方法指定内容路径和版权路径来完成。一旦完成关联，DRM 代理将继续执行内容权限而无须用户干预。

```
int status = mDrmManager.saveRights(DrmRights drmRights, String
rightsPath, String contentPath);
```

android.drm 包还提供一些其他的实用方法，可从如下链接当中查看该软件包（https://developer.android.com/reference/android/drm/packagesummary.html）以获得所有可用方法。

5.5　小　　结

本章涵盖了数据安全的基础知识。讨论了数据安全的 3 个核心原则，即保密性、完整性和可用性。接着使用一些实例试图描绘资产、危险和攻击场景的蓝图。试图评估与安全缺口相关的成本。数据存储选项和计划在确保数据安全上花费的时间、精力和金钱的总数将取决于这一分析。在移动生态系统反映整体和端到端的安全在移动环境意味着什么。这种情况下不难发现，仅需要去控制好自己所编写的应用程序。最后，以对 Android 的 DRM 架构和可用功能的回顾结束本章的内容。运用有关数据安全的所有知识，接下来将会进入到第 6 章，去学习应用程序开发者可以用来保护用户数据安全的各种工具。

第6章 您的工具——加密API

为了尊重用户隐私，处理敏感数据的应用程序需要保护这些数据不被窥视。虽然Android 软件堆提供了分层的安全体系，但这依赖于操作系统本身的安全性。在那些易获得 root 权限的设备上，在设备上存储的数据安全就无法保证了。因此应用程序开发人员应当认识这些安全工具的重要性，利用它们来安全地存储数据，同样重要的是了解如何利用它们来正确地传输数据。

Android 软件堆提供了多种安全工具，开发人员可以用来执行诸如加密/解密、散列、生成随机数和消息鉴别码等安全任务。在软件堆中有各种软件包用于提供的加密 API。例如，javax.crypto 提供的 API 可以用来加密和解密消息，并生成消息鉴别码和关键协议。java.util.Random 提供随机数的生成，java.security 包提供了用于散列、密钥生成和证书管理的 API。

本章将讨论 Android 软件堆提供的、可供应用程序开发人员用于保护敏感信息的各种加密 API。首先会从加密中使用的基本术语开始，了解信息产生的安全性。接下来将学习散列函数和随机数生成。最后讨论非对称与对称密钥加密算法和不同的加密模式以及消息鉴别码。

6.1 术　　语

首先来了解一些密码学中使用的术语。在随后的章节当中将会反复使用到这些术语，所以在继续后面讨论之前必须要先熟悉这些术语。

❑ 加密（Cryptography）：加密是对不安全的环境进行安全通信的研究与实践。随着如今生活越来越数字化和互联网化，加密技术越来越受重视。加密算法和协议其实就是基于数学上难解问题的计算机实现。

❑ 明文（Plaintext）：也称为 cleartext。明文是消息发送者想要传送但又不希望第三方知道的内容。如果爱丽丝想发送消息"Hello World"给鲍勃，那么"Hello World"就是明文。

❑ 密文（Ciphertext）：也称为 codetext。是明文经过编码或加密后发给接收者的消息。接着前面的例子，爱丽丝想向鲍勃发送消息"Hello World"。此时，爱

丽丝使用了替换法，其中每个字母被替换成下一个字母形成密文。所以，明文
"Hello World"现在变成了"Ifmmp Xpsme"。"Ifmmp Xpsme"就是传给鲍勃
的密文。

❑　加密（Encryption）：加密是将明文转换为密文的过程，这样信息传输或存储过
程中就不会被窃取者破译，只有自动解密方法的当事人可以理解它。在前面的
例子中将"Hello World"转换为"Ifmmp Xpsme"的过程称为加密，如图 6-1
所示。

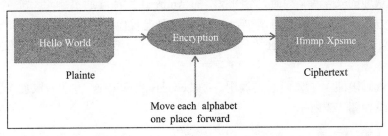

图　6-1

❑　解密（Decryption）：解密是加密的逆行为。这是在接收端将密文转换回明文信
息的过程。因此，上例中转换的"Ifmmp Xpsme"还原为"Hello World"的过程
称为解密，如图 6-2 所示。

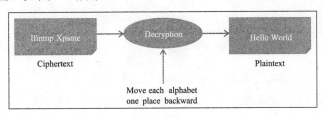

图　6-2

❑　密钥（Key）：在密码学中，密钥是关键性信息或者数学参数，该信息决定了加
密算法的输出部分。在前面的例子中，当"Hello World"转换为"Ifmmp Xpsme"
时，关键信息就是将每个字母用其相邻的字母替代（即字母值加 1），这就是密
钥。在解密过程中，关键信息是将每个字母减 1，这是解密的密钥。

❑　加密算法（Cipher）：加密算法是对消息进行加密和解密的方法，也被称为
cryptographic algorithm。在前面的示例中，加密算法就是将"Hello World"转换
成"Ifmmp Xpsme"，然后在接收端将"Ifmmp Xpsme"转回到"Hello World"。

6.2 安全 provider

由于安全 provider 受到了关注，因此 Android 软件堆就变得可以自由定制。这意味着设备制造商可以添加自己的加密 provider。作为应用程序开发人员，可以自由地选择使用安全库。Android 软件堆只内置了精简版的 Bouncy Castle 安全 provider，Spongy Castle 库是目前最受欢迎的安全库。同时，不同版本的 Android 软件堆通过删除不安全的密码算法并添加新的方法，以保持更新加密能力。因此需要定时检查这些安全 provider 的更新列表并定时更新。另外，一定要在不同的设备上对应用程序进行测试，以确保加密算法按预期工作。

下面的代码段演示了如何通过调用 java.security.Providers 方法获取加密 provider 列表，详细信息如图 6-3 所示。

```
for (Provider provider: Security.getProviders()) {
    System.out.println(provider.getName());
}
```

```
● ● ●                                                    platform-tools — adb — 140×7
D/dalvikvm(   37): GC_EXPLICIT freed <1K, 4% free 9032K/9347K, paused 3ms+13ms
I/System.out(  590): AndroidOpenSSL
I/System.out(  590): DRLCertFactory
I/System.out(  590): BC
I/System.out(  590): Crypto
I/System.out(  590): HarmonyJSSE
```

图 6-3

现在可以通过如下函数了解每个 provider 的详细信息：

```
for (Provider provider: Security.getProviders()) {
    System.out.println(provider.getName());
     for (String key: provider.stringPropertyNames()) {
      System.out.println("\t" + key +"\t" + provider.getProperty(key));
     } }
```

图 6-4 的屏幕截图显示了一些安全 provider 的详细信息。

切记总是使用知名行业标准加密算法。自行编写一个加密程序听起来有趣又容易，但是实际上要比想象当中更加困难重重。知名的行业标准算法都是由加密算法专家研发并进行彻底的测试的，如果这些算法被发现任何漏洞并公之于众，那么开发人员就会更新他们的代码来修补。

```
● ● ●                          platform-tools — adb — 140x32
I/System.out( 539): DRLCertFactory
I/System.out( 539):     Provider.id className   org.apache.harmony.security.provider.cert.DRLCertFactory
I/System.out( 539):     CertificateFactory.X509  org.apache.harmony.security.provider.cert.X509CertFactoryImpl
I/System.out( 539):     Provider.id version     1.0
I/System.out( 539):     Provider.id info        ASN.1, DER, PkiPath, PKCS7
I/System.out( 539):     Provider.id name        DRLCertFactory
I/System.out( 539):     Alg.Alias.CertificateFactory.X.509      X509
I/System.out( 539): BC
I/System.out( 539):     Alg.Alias.AlgorithmParameters.1.2.840.113549.1.12.1.1  PKCS12PBE
I/System.out( 539):     Alg.Alias.Mac.1.2.840.113549.2.9        HMACSHA256
I/System.out( 539):     Alg.Alias.Signature.MD5withRSA  MD5WithRSAEncryption
I/System.out( 539):     Alg.Alias.Signature.SHA384withRSA  SHA384WithRSAEncryption
I/System.out( 539):     Alg.Alias.AlgorithmParameters.1.2.840.113549.1.12.1.4  PKCS12PBE
I/System.out( 539):     Alg.Alias.AlgorithmParameters.PBEWITHSHAAND256BITAES-CBC-BC    PKCS12PBE
I/System.out( 539):     Alg.Alias.AlgorithmParameters.1.2.840.113549.1.12.1.5  PKCS12PBE
I/System.out( 539):     Alg.Alias.Signature.MD5/RSA     MD5WithRSAEncryption
I/System.out( 539):     Alg.Alias.AlgorithmParameters.1.3.6.1.4.1.22554.1.1.2.1.42     PKCS12PBE
I/System.out( 539):     Alg.Alias.AlgorithmParameters.1.2.840.113549.1.12.1.3  PKCS12PBE
I/System.out( 539):     Cipher.PBEWITHSHAAND40BITRC4  com.android.org.bouncycastle.jce.provider.JCEStreamCipher$PBEWithSHAAnd40BitRC4
I/System.out( 539):     Alg.Alias.Signature.1.3.14.3.2.26with1.2.840.113549.1.1.1     SHA1WithRSAEncryption
I/System.out( 539):     Alg.Alias.AlgorithmParameters.1.2.840.113549.1.12.1.6  PKCS12PBE
I/System.out( 539):     Alg.Alias.SecretKeyFactory.PBEWithSHAAnd3KeyTripleDES  PBEWITHSHAAND3-KEYTRIPLEDES-CBC
I/System.out( 539):     Alg.Alias.Mac.1.2.840.113549.2.7        HMACSHA1
I/System.out( 539):     Alg.Alias.Signature.1.3.14.3.2.26with1.2.840.113549.1.1.5     SHA1WithRSAEncryption
I/System.out( 539):     Cipher.RSA  com.android.org.bouncycastle.jce.provider.JCERSACipher$NoPadding
I/System.out( 539):     Alg.Alias.Signature.SHA512WITHRSAENCRYPTION      SHA512WithRSAEncryption
I/System.out( 539):     Alg.Alias.Mac.HMAC-SHA384       HMACSHA384
I/System.out( 539):     Alg.Alias.CertPathBuilder.RFC3280       PKIX
I/System.out( 539):     KeyPairGenerator.DH  com.android.org.bouncycastle.jce.provider.JDKKeyPairGenerator$DH
I/System.out( 539):     Signature.SHA384WithRSAEncryption        com.android.org.bouncycastle.jce.provider.JDKDigestSignature$SHA384WithRSAEn
cryption
```

图　6-4

6.3　随机数生成

随机数生成是密码学中最重要的任务之一。随机数作为其他加密函数的种子，如加密或生成消息鉴别码。模拟真正的随机数生成是很困难的，因为它来自大自然的不可预知的行为。计算机系统生成伪随机数，看起来是随机的，但不是真正的随机。

生成随机数有两种方法：伪随机数生成器（Pseudo Random Number Generators，PRNG）和真随机数生成器（True Random Number Generators，TRNG）。PRNG 由基于某些数学公式的算法生成。TRNG 基于系统特征，如中央处理器（Central Processing Unit，CPU）周期、时钟、噪声和按键等。Trinity College 的 Mads Haahr 博士做了个网站 www.random.org，这对于那些对随机性感兴趣的人来说是一个非常有趣的站点，建议有志之士前去观看！

随机数应用范围很广，其中就包括用户掷骰子、赌博等游戏应用程序、随机播放歌曲音乐应用程序，以及在 Hash、加密、密钥生成等应用中作为种子数等。并不是在所有的场景当中都需要很强的随机性，如音乐播放器播放歌曲就不需要密钥生成算法中那么强的随机性。

Android 开发包中的 java.util.Random 可以用于随机数生成。Random 类由 java.util 包提供，它提供的方法可以生成一个或多个 double、byte、 float、 int、long 等类型的随机数数组。这个类是线程安全的。

下面的代码演示了如何生成一个 1～100 范围内的随机数。

```
int min = 1; int max = 100;
public int getRandom(int min, int max) {
 Random random = new Random();
 int num = random.nextInt(max - min + 1) + min;   return num; }
```

也可以使用随机种子来生成随机数。不过，由于 Android 软件堆的伪随机数生成器使用系统的状态作为初始种子，这是非常难以预测的；因此，指定随机种子实际上使随机数更容易预测。

6.4　散　列　函　数

散列函数是对任意长度的数据的计算，以产生一个固定长度的输出的算法。给定相同的输入，输出始终是相同的；而不同的输入值，输出总是不同。这类函数是单向的，这也就意味着，对数据的反向操作是不可能的。

在数学上，可以定义单向散列函数如下。

给定一个消息 M 和一个单向散列函数 H，可以计算出 x，其中 H(M)= x。但给定 x 和 H，不能计算出消息 M，这可以表示如下：

$$H(M) = x$$

$$H(x) \neq M$$

散列函数的另一个特性是低碰撞概率。这意味着不同的消息 M 基本上算不出相同的 M，可表示为：

$$H(M) \neq H(M')$$

单向散列函数可以用于各种应用程序。这可以用来为可变长度的字符串创建一个固定大小输出。使用散列，一个值可以可靠地存储为给定的散列；而检索原始消息是不可行的，例如，取代存储密码，将密码的散列值存储在表中。由于该散列值对于给定消息而言总是相同的，因此输入正确的密码将导致相同的散列值的生成。它们被用作校验和，以确保该消息未在中转改变。

目前最常用的散列函数是 MD5（消息摘要算法，Message Digest Algorithm）和 SHA（安全散列算法，Secure Hash Algorithm）系列散列函数。这些散列函数的强度和碰撞概率不同，开发人员应该选用一个最适合自己应用程序的算法。通常情况下，使用 SHA-256

是一个不错的选择。不过许多应用程序仍然使用 MD5 和 SHA-1，就目前而言，这些被认为是足够安全的。对于那些需要非常高的安全性的应用程序来说，应该考虑使用更强的散列函数，如 SHA-3。表 6-1 总结了一些常用的散列函数的输出长度。

表　6-1

散 列 函 数	块长度（单位：bit）	输出长度（单位：bit）
MD5	512	128
SHA-1	512	160
SHA-256	512	256
SHA-512	1024	512

维基百科中的图例（见图 6-5）展示了在输入的微小变化下如何彻底改变输出。本例当中所使用的散列函数是 SHA-1。

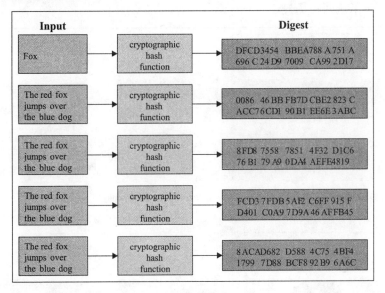

图　6-5

散列功能由 java.security 包的 java.security.MessageDigest 类提供。下面的代码片段展示了如何使用这个类来创建一个字符串 s 的 SHA-256 散列。update 方法负责更新字节摘要，digest 方法则负责创建最终摘要。

```
final MessageDigest digest = MessageDigest.getInstance("SHA-256"); digest.
update(s.getBytes());
byte messageDigest[] = digest.digest();
```

6.5 公钥加密

公钥加密是使用两个密钥的加密系统：一个用于加密，另一个用于解密。其中一个密钥是公开的，而另一个将保密。

公钥加密常用于两种场景：一是用于保密，二是用于身份验证。在保密的情况下，发送方使用接收方的公钥加密消息并将其发送。因为接收机拥有私钥，接收机使用私钥解密消息。

在身份验证的情况下作为数字签名，发送方使用自己的私钥加密消息（在大多数用例，这是加密消息的散列而不是整个消息的）并使其可用。任何拥有公开密钥的人都可以访问它并能确认该消息来自发送人。

图 6-6 展示了这两种场景。

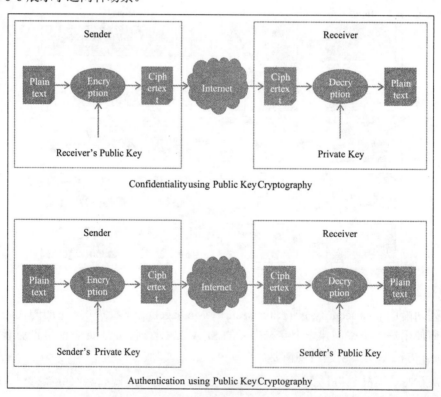

图 6-6

在随后的内容当中将讨论两种常见的公钥加密算法：RSA 加密和验证，Diffie-Hellman 密钥交换。

6.5.1　RSA

由其发明者 Ron Rivest、Adi Shamir 和 Leonard Adleman 的名字命名的 RSA 算法，是一种基于公钥的加密算法。RSA 的安全性是基于因式分解两个大素数。算法本身不是秘密，公钥也不是秘密，只有素数是秘密。

基于所需的强度，使用 RSA 密钥的长度可以是 512、1024、2048 或 4096 位。目前 2048 位密钥被认为是足够强大的。RSA 是非常缓慢的，所以应该避免使用它来加密大型数据集。要注意的是，使用 RSA 加密消息的长度不能超过弹性模量的长度（两个质数乘积的长度）。由于 RSA 实在是慢，通常的做法是先对明文进行对称密钥加密，然后用 RSA 加密对称密钥。

RSA 既可以作为加密也可以作为验证的数字签名使用。其中使用 RSA 的 3 个主要操作如下。

1. 密钥生成

实施 RSA 的第一步是生成密钥。在 Android 系统当中，可以通过使用 java.security. KeyPairGenerator 类来实现，下面的代码片段展示了如何生成一个 2048 位的密钥对。

```
KeyPairGenerator keyGen = KeyPairGenerator.getInstance("RSA"); keyGen.
initialize(2048); KeyPair key = keyGen.generateKeyPair();
```

如果密钥已生成，还需要提取私钥和公钥，可以用 java.security.KeyFactory 类提取公钥和私钥，如下所示：

```
KeyFactory keyFactory = KeyFactory.getInstance("RSA");
keyFactory. generatePublic(keySpecs);
```

2. 加密

私钥和公钥都可以用于加密和解密，这具体还要看使用的场景。下面的代码片段使用接收方的公钥对数据加密。这个例子紧接之前的方法调用 java.security.KeyPairGenerator 类生成一个密钥对，它使用了 java.security.Cipher 类来初始化密码并执行操作。

```
private String rsaEncrypt (String plainText) {
   Cipher cipher = Cipher.getInstance("RSA/ECB/PKCS1Padding");
   PublicKey publicKey = key.getPublic();
   ipher.init(Cipher.ENCRYPT_MODE, publicKey);
```

```
    byte [] cipherBytes = cipher.doFinal(plainText.getBytes());
    String cipherText = new String(cipherBytes, "UTF8").toString();
    return cipherText;
}
```

3. 解密

解密是加密的反操作。下面的代码演示了如何使用私钥来解密数据。紧接之前的例子，发送方使用接收方的公钥加密消息，然后接收方用自己的私钥来解密。

```
private String rsaDecrypt (String cipherText) {
    Cipher cipher = Cipher.getInstance("RSA/ECB/PKCS1Padding");
    PrivateKey privateKey = key.getPrivate();
    cipher.init(Cipher.DECRYPT_MODE, privateKey);
    byte [] plainBytes = cipher.doFinal(cipherText.getBytes());
    String plainText = new String(plainBytes, "UTF8").toString();
    return plainText; }
```

4. 填充

可能已经注意到了，在前面的例子中，加密初始化时调用了 PKCS1Padding。接下来谈一谈填充（padding）。RSA 算法没有随机组件，这意味着相同的明文用同一密钥加密时会得出相同的密文。这个特性会导致选择明文攻击。对明文进行加密之前，通常用随机数据进行填补。公钥加密标准（PKCS#1，Public Key Cryptography Standard）由 RSA 实验室发布，用于在明文嵌入结构化的随机数据。后来证明，甚至采用 PKCS#1 填充都不足以避免自适应选择明文攻击。这是一种选择密文攻击，基于第一组解密密文的结果选择子串加密。为了应对这些类型的攻击，建议采用 PKCS#1 v1.5。另一种填充算法，可用光学非对称加密填充（Optical Asymmetric Encryption Padding，OAEP）。

在本例中可能会注意到其中使用了密码块链接（Cipher Block Chaining，CBC）作为参数。这种模式将会在随后的章节当中进行讨论。

6.5.2　Diffie-Hellman 算法

1976 年，由 Whitefield Diffie 和 Martin Hellman 发表的 Diffie-Hellman 算法是最流行的密钥交换算法。该算法的优点在于双方能够通过不安全的通道独立生成密钥而无须交换密钥。该密钥可以在随后的对称加密中使用。

Diffie-Hellman 算法不对双方进行身份验证，因此容易受到中间人攻击，窃听者在通讯双方的中间，分别向一方伪装另一方。从维基百科摘来的示意图（见图 6-7）非常形象地解释了前面爱丽丝和鲍勃双方进行信息交流的 Diffie-Hellman 交换过程。

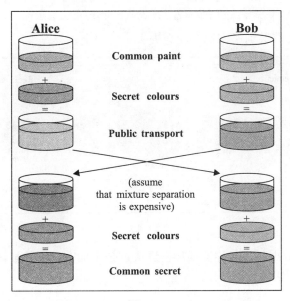

图　6-7

下面的代码演示了实现生成密钥对的范例。java.security.KeyPairGenerator 类是用于基于 DH 参数生成密钥对。接着，将 javax.crypto 类用于生成密钥协议。

```
// DH params
BigInteger g = new BigInteger("0123456789", 16);
BigInteger p = new BigInteger("0123456789", 16);
DHParameterSpec dhParams = new DHParameterSpec(p, g);
// Generate Key pair
KeyPairGenerator keyGen = KeyPairGenerator.getInstance("DH");
keyGen. initialize(dhParams, new SecureRandom());
// Generate individual keys
KeyAgreement aKeyAgree = KeyAgreement.getInstance("DH");
KeyPair aPair = keyGen.generateKeyPair(); aKeyAgree.init(aPair.getPrivate());
KeyAgreement bKeyAgree = KeyAgreement.getInstance("DH");
KeyPair bPair = keyGen.generateKeyPair(); bKeyAgree.init(bPair.getPrivate());
// Do the final phase of key agreement using other party's  public key
aKeyAgree.doPhase(bPair.getPublic(), true);
bKeyAgree.doPhase(aPair. getPublic(), true);
```

6.6　对称密钥加密

对称密钥加密技术是基于双方使用同一个安全密钥，即加密和解密使用相同的密钥，如图 6-8 所示。和公钥加密算法相比，有一个问题要解决——需要通过某种方法安全地交换密钥。如果窃听者获取到了密钥，就会失去系统安全。

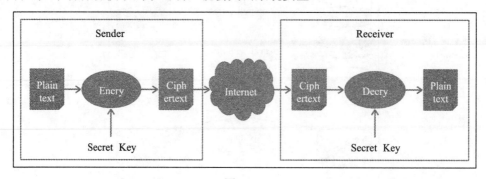

图　6-8

加密/解密大量数据时，对称密钥加密远快过公钥加密，而且被认为是最好的。对称密钥算法基于安全密钥的长度。

6.6.1　流密码

流密码是一种对称密钥加密，其中每个数据位或字节分别与称为密钥流的随机比特流进行对称密钥加密。一般地，每个位或字节的数据与密码流进行异或（XORed, Exclusive OR）。密钥流的长度与数据的长度是一致的。流密码的安全性取决于密钥流的随机性。如果相同的密钥流被用于加密多个数据集，则该算法漏洞可能就会被识别和利用。图 6-9 演示了流密码的过程。

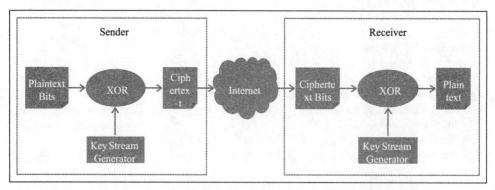

图　6-9

使用流密码的最佳场景是数据长度可变，如 WiFi 或者是加密语音数据，它们也易于在硬件中实现。使用流密码技术算法的一些实例包括 RC4 A5/1、A5/2、Helix。

由于密钥和数据长度一致，在流密码的密钥管理方面会出现一些问题。

6.6.2　分组密码

在分组密码情况下，一个数据块用密钥进行加密一次。明文分为固定长度的块，每个块被单独加密。图 6-10 显示了分组密码的基本思路。每个明文分割成固定的数据块，如果块不能均匀划分，它们被填充以一组标准的比特集，使它们的长度一致。每块用密钥加密后生产一个固定长度的加密块。

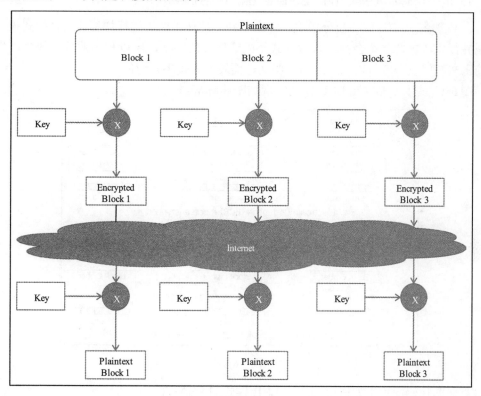

图　6-10

分组密码的问题在于，如果重复相同的数据块，则输出总是相同的。另一个问题是，如果一个块在传输过程中被丢失，是没有办法来确定该块已丢失的。各种块加密模式已经被设计成帮助解决前面提到的问题。块密码被广泛应用于各种加密算法当中，如 AES、DES、RC5 和 Blowfish。

由于明文分割成块，常见情况是最后一块将没有足够的比特来填补。在这种情况下，最后一块会添加额外的比特来达到所需的长度。这个过程被称为填充。

6.6.3　分组密码模式

在块密码模式当中，明文划分成块，每个块使用相同的密钥进行加密。接下来对实现分块加密的一些技术进行讨论。这些模式可以用对称加密，也可以用非对称加密，例如RSA。但在实践中，大量的数据很少使用非对称密码加密，因为这个过程往往是很缓慢的。

1．电子密码本（Electronic Code Book，ECB）

在 ECB 模式中，明文被分成块，每个块独立地使用密钥进行加密。这种模式很容易实现并行化，因此效率会很高。此模式不隐瞒明文的特征，所以相同的数据块将产生相同的密文，但攻击者可以修改或窃取明文，而发件人是不知道的。

图 6-11 显示了如何在 ECB 模式实现加密和解密。

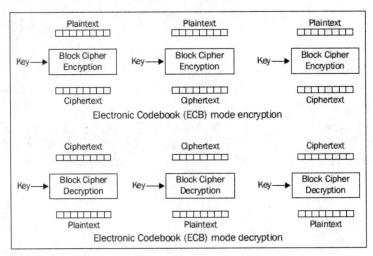

图　6-11

下面的代码演示了如何用初始化 ECB 模式的 RSA 加密。

```
Cipher cipher = Cipher.getInstance("RSA/ECB/PKCS1Padding");
```

类似地，初始化 ECB 模式的 AES 对称加密，可以使用下面的代码。

```
Cipher cipher = Cipher.getInstance("AES/ECB");
```

2．密码块链接（Cipher Block Chaining，CBC）

在 CBC 模式中，每块明文与前一组密文进行异或操作后再进行加密。这种模式改正了 ECB 模式的两个缺点。与先前的明文块进行异或操作隐藏了在明文的任何特征；除了第一个和最后一个密文块，如果其他块丢失或被篡改，接收端很容易检测到它。

图 6-12 说明了 CBC 模式明文块的加密和解密。注意，使用一个初始化向量（Initialization Vector，IV）来增加第一块的随机性。IV 是一个随机组，与第一块进行位异或操作。

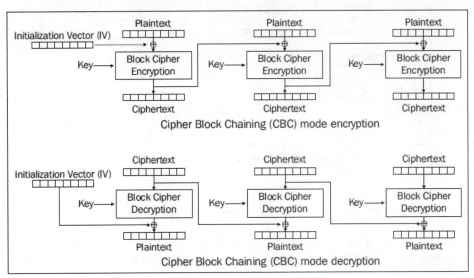

图　6-12

下面的代码演示了如何初始化 CBC 模式的 RSA 加密。

```
Cipher cipher = Cipher.getInstance("RSA/CBC/PKCS1Padding");
```

同样，初始化一个 CBC 模式 AES 对称加密，可用下面的代码。

```
Cipher cipher = Cipher.getInstance("AES/CBC");
```

3. 密码反馈链接（Cipher Feedback Chaining，CFB）

在 CFB 模式中，先前密文首先加密，然后与明文异或产生密文。该模式也隐藏了明文特征，并且每一个块的加密依赖于上一个密文块。这使得在块传输过程中可以实现跟踪和完整性校验。同样地，在第一个块当中使用了初始化向量（IV），如图 6-13 所示。

下面的代码演示了如何用 CFB 模式来初始化 RSA 加密。

```
Cipher cipher = Cipher.getInstance("RSA/ECB/PKCS1Padding");
```

类似地，初始化 CFB 模式的 AES 对称加密算法，可以使用下面的代码。

```
Cipher cipher = Cipher.getInstance("AES/CFB");
```

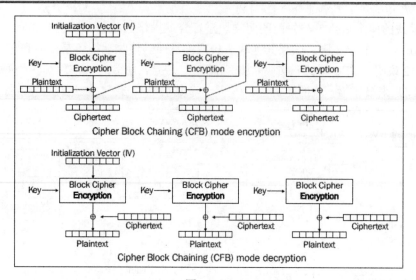

图　6-13

4．输出反馈模式（Output Feedback Mode，OFB）

OFB 模式类似于 CFB 模式，除了作为同步流密码异或密文以外，这其中的一个比特的错误仅影响一个比特而不是整个块。再次，一个初始化向量（IV）用于种子的过程如图 6-14 所示。

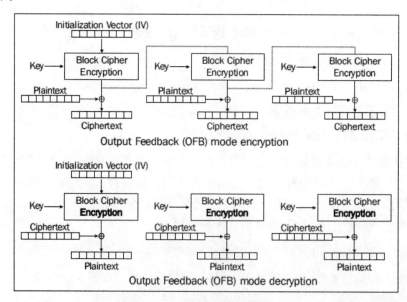

图　6-14

下面的代码演示了如何用 OFB 模式初始化 RSA 加密。

```
Cipher cipher = Cipher.getInstance("RSA/OFB/PKCS1Padding");
```

类似地，初始化 OFB 模式的 AES 对称加密算法，可以使用下面的代码。

```
Cipher cipher = Cipher.getInstance("AES/OFB");
```

6.6.4　高级加密标准

高级加密标准（Advanced Encryption Standard，AES）是目前最流行的块对称加密算法，它比其他常见块对称加密算法安全得多，诸如 DES 和 DES3。该算法把明文划分为 128 位固定大小的块，密钥可以是 128 位、192 或 256 位密钥。AES 的运行速度快，内存需求低。Android 的磁盘加密就是使用 AES128 位加密的，主密钥也是 AES 128 位加密的。

下面的代码片段演示如何生成 128 位 AES 密钥。

```
//Generate individual keys
Cipher cipher = Cipher.getInstance("AES");
KeyGenerator keyGen = KeyGenerator.getInstance("AES");
generator.init(128);
Key secretKey = keyGen.generateKey();
byte[] key = skey.getEncoded();
```

接下来，下面的代码演示如何用 AES 密钥加密明文。

```
byte[] plaintext = "plainText".getBytes();
SecretKeySpec skeySpec = new SecretKeySpec(raw, "AES");
Cipher cipher = Cipher.getInstance("AES");
cipher.init(Cipher.ENCRYPT_ MODE, skeySpec);
byte[] cipherText = cipher.doFinal(plainText);
```

完成上例后，可以使用下面的代码进行 AES 解密。

```
SecretKeySpec skeySpec = new SecretKeySpec(raw, "AES");
Cipher cipher = Cipher.getInstance("AES");
cipher.init(Cipher.ENCRYPT_MODE, skeySpec);
byte[] encrypted = cipher.doFinal(cipherText);
```

6.7　消息鉴别码

消息鉴别码（Message Authentication Code，MAC）是附加到消息后的标签或校验和，用以确定其真实性和完整性。鉴别是通过密钥加密实现，对消息的意外或故意的改变提供完整性验证。图 6-15 说明了 MAC 的工作原理。

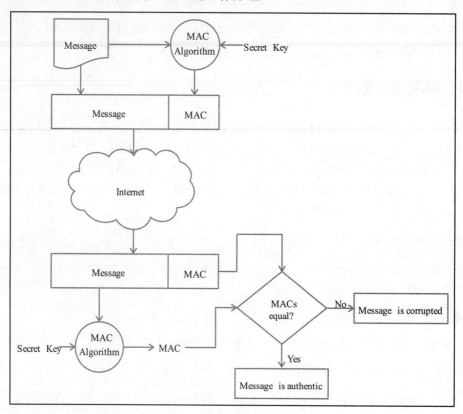

图　6-15

MAC 可以使用不同的方法生成：用一次性填充或一次性密钥、散列函数、流密码等，还可以通过使用分组加密和输出最终块作为校验和。CBC 模式 DES 就是采用最后一个方法的。

用散列函数创建消息鉴别码称为散列消息鉴别码（Hashed MAC，HMAC）。这个散列值用对称密钥加密后附到该消息末。这是生成 MAC 的最流行的方法。一些这类 MAC 的例子是用 SHA-1 的 AES 128 和 AES 256。

Android 通过 javax.crypto.Mac 类来提供生成 HMAC。下面的代码片段展示了如何生成一个 SHA-1 摘要。

```
String plainText = "This is my test string.";
String key = "This is my test key.";
```

```
Mac mac = Mac.getInstance("HmacSHA1");
SecretKeySpec secret = new SecretKeySpec (key. getBytes ("UTF-8"), mac.
getAlgorithm());
mac.init(secret);
byte[] digest = mac.doFinal(plainText.getBytes());
String stringDigest = new String(digest);
```

6.8　小　　结

　　本章讨论了应用程序开发人员可以用来保护自己的应用程序和用户数据隐私的工具。还讨论了生成的随机数可以作为种子数或者作为加密算法的初始化向量。对诸如 SHA-1 和 MD5 之类的散列技术也进行了讨论，开发人员可以用散列值来存储密码。散列技术也可以把大数据转换为有限的和固定的长度。对公共密钥加密的密钥交换以及用诸如 AES 一类的对称加密算法加密大数据也进行了讨论。此外，还讨论流密码、分组加密和分组加密模式。大部分的算法都公布有测试样例，并在网上提供给公众进行阅读使用。开发人员可以测试这些算法对这些测试向量的执行。在第 7 章中将使用这些工具和技术来保护数据，了解如何确定不同类型数据的最佳存储方案。

第7章　应用程序数据安全

应用程序开发人员的声誉取决于如何安全地处理用户的数据。开发人员应该总是避免在设备上存储大量的用户数据。这一方面是因为它不仅占用内存，另一方面这本身也是一个巨大的安全风险。但是，依然会存在应用程序需要共享数据、缓存应用程序首选项、在设备上存储数据等情况。这些数据可以是应用程序私有的或者是与其他应用程序共享的，如用户的首选语言或图书类别。这种应用程序所保存的数据用来增强用户体验。在应用程序内部，这些数据往往是非常有用的，也不会与其他应用程序共享。需要共享数据的场景有可能是当用户浏览商店时不断添加收藏到他的书目意愿书单中。不过这些数据也可能会也可能不会与其他应用程序共享。

基于隐私和数据种类，可以使用不同的存储机制。应用程序可以决定使用共享的配置、Content Provider、在内部或外部存储保存的文件甚至开发者自己存储数据的服务器。

本章首先从应用程序应当存储的识别信息，以及如何决定数据的存储位置等重要问题开始。讨论应该最少收集信息、在收集敏感信息前要获得用户同意等原则。接下来再讨论 Android 存储机制，包括共享的配置、设备存储、外部存储器、在后台服务器上存储数据，以及讨论安全传输数据的协议。最后以讨论在外部存储器上安装应用程序来结束本章内容的学习。

7.1　数据存储决策

在一个应用程序中，有许多因素会影响到数据的存储决策；它们当中的大多数都是基于数据安全方面的。开发人员应该意识到如隐私、数据保持以及系统的实现细节。这些将在以下部分中讨论。

7.1.1　隐私

如今的应用程序或多或少地都会收集和使用各种不同类型的用户信息。如用户首选项、位置、健康记录、财务账目、资产等。收集这些信息应该慎之又慎，并且要征得用户的同意。因为收集私人信息可能导致的法律和道德问题，可以称为侵犯隐私。甚至是在收集这些信息时，存储都应该进行适当加密，并且保证传输安全。安全的数据存储和传输则是本章后半部分的重点内容。

隐私表现为不同的形式。第一，它在不同的文化和国家中表现各异。每个国家都建立了关于个人验证信息的法规或 PII。例如，欧盟有处理和传输个人数据的数据保护指令（Data Protection Directive），关于这部分的详细信息可参阅欧盟委员会正义理事会网站http://ec. europa.eu/justice/data-protection/index_en.htm。印度关于这方面的网络法律可以参阅 http://deity.gov.in/content/cyber-laws。美国遵循部门数据保护法，这是一个立法、监管和自律相结合的方法。

第二，对于不同的用例有不同的法律。例如，如果一个应用程序与医疗健康相关，则规则不同于一个追踪用户位置或进行金融交易的应用程序。美国一些具体法律的例子是美国残疾人法案、1998 年儿童在线隐私法案、1986 年电子通信隐私法。因此，重要的是要注意与用例有关的规章制度，以及想在其中运作的国家。有疑问时，可以使用那些专业领域的公司的服务。例如，可以使用多年来一直做支付处理的支付服务提供商（如PayPal），它符合这个领域的法律法规（如 PCI），而不是试图做出自己的支付系统。

第三，私人信息从一个国家转移到另一个国家，也同样适用于相关法规。在大多数情况下，其他国家应该有足够的法律保护，以满足其他国家的保护标准。

例如，在《世界人权宣言》第十二条当中，声明隐私规则如下：

"任何人的私生活、家庭、住宅和通信不得任意干涉，他的荣誉和名誉不得加以攻击。人人有权享受法律保护，以免受这种干涉或攻击。"

一些个人身份信息（Personally Identifiable Information，PII）的例子包括姓名、电子邮件地址、邮寄地址、驾驶执照、选民登记号、出生日期、母亲的姓名、出生地、信用卡号码、犯罪记录和身份证号码等。而在某些情况下，年龄、性别、职位和种族可能被视为 PII。有时隐私可能意味着匿名。

如果应用程序正在收集 PII，那么就要告知用户并征得他们的同意。当使用应用程序或某些功能可能需要收集用户的敏感信息时，可以为他们提供条款和条件。

7.1.2　数据保留

数据保留是指将数据存储一段特定的时间段。该数据用来追踪和识别诸如人、设备和位置等信息。例如，银行数据通常是保存 7 年。将数据保留在大多数用例应该不是一个问题，除非是一个组织迎合特定用例，如邮政、银行、政府、电信、公共卫生和安全部门等。在大多数情况下，必须定义适当的访问权限访问该 PII。此外，数据保留规则对于不同的国家和不同的用例是不同的。

7.1.3　实现决策

当处理数据和决定最安全的安全机制时，首要问题是确定数据将被保存在何处。再次回到书店的例子。正如在第 3 章当中所叙述的那样，该例当中的数据元素包括以下方面。

- ❑　Name（名字）
- ❑　Credit card number（信用卡号码）
- ❑　Mailing address（邮件地址）
- ❑　Last author searched（上次搜索的作者）
- ❑　Last language searched（上次搜索的语言）
- ❑　Last category searched（上次搜索的目录）
- ❑　Username（用户名）
- ❑　Password（密码）
- ❑　Wish list of books（书籍的意愿清单）

基于这些隐私需求，为了进一步分析前面的资产，需要验证 PII 的名字、信用卡号码、邮件地址和密码。请注意，这种分类的依据也会因国家的不同而产生变化。

接下来是持久性的问题。究竟需要数据只能在应用程序的一个实例可用，还是在多个实例可用？需要数据持久化重置吗？在上面的这个例子中，希望所有的资产被持久化。然而，如果用户首选项如作者、类别和语言不存在重置，并不会失去有价值的信息，用户可以再次选择它们。

第三个重要的任务是确定数据对于应用程序来说哪些是私有的哪些是共享的。数据的可见性会影响随后存储选项的选择。

第四个问题是数据的规模。大文件最好存储在外部存储器。图 7-1 显示了在一个典型的 Android 手机设备里可用的内存选项。

使用框架提供的而不是创造一个新的存储机制是明智的。在随后的内容当中将会讨论 Android 框架为不同的存储需求所提供的存储机制。

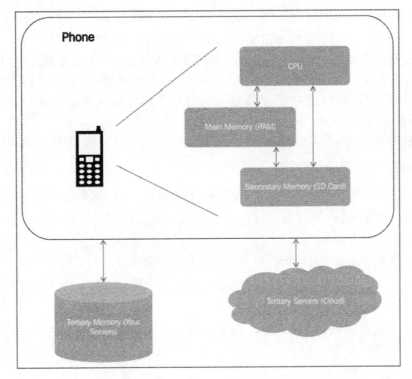

图 7-1

7.2 用户首选项

应用程序通过两种方式收集用户首选项。在第一种情况下，一个应用程序提供了一个设置屏幕供用户选择首选项，如语言、每页显示的结果数等。这样的首选项最好使用 Preference 类存储。另外一种情况是，当用户首选项通过应用程序被选取用作用户导航的情况下。例如，当搜索一本书时，用户选择一个特定作者的书。应用程序可能需要保存这样的首选项直到下次用户登录。这样的用户首选项最好使用 SharedPreferences 存储。在后台，Preference 类也调用 SharedPreferences。请注意，SharedPreferences 只保持基本数据类型。

7.2.1 共享首选项

SharedPreferences 类用于在一个键值对当中存储基本数据类型。这些基本类型包括整型（int）、长整型（long）、布尔型（Boolean）、浮点型（float）、字符串集（string set）和字符串（string）。数据存储在该 SharedPreferences 类以保持应用程序会话。首选项文件以 XML 文件的形式存储在设备上的应用程序的 data 目录中。该文件和应用程序本身一样通过相同的 Linux 权限被沙盒封装化（Sandboxed）。即使应用程序被停止或破坏了，首选项文件中的数据仍然存在，只有当应用程序被卸载或特定的值被移走才使用 Preference 类方法。

对于任意形式的数据存储都会有如下 3 种操作：实例化存储、存储数据和检索数据。

1. 创建一个首选项文件

下面的代码片段使用默认的文件名来实例化 SharedPreferences。

```
SharedPreferences preferences = PreferenceManager.getDefaultSharedPreferences
(context);
```

在这种情况下，该文件名可以使用下面的代码被检索。

```
String preferencesName = this.getPreferenceManager().
getSharedPreferencesName();
```

还可以指定首选项文件的名称。在下面的例子中，该首选项文件的名称被设置为 MyPref。

```
public Static final String PREF_FILE = "MyPref";
SharedPreferences preferences = getSharedPreferences(PREF_FILE, MODE_
PRIVATE);
```

上述代码片段引出了一个有关首选项文件的可见性和共享的重要讨论。默认情况下，所有首选项文件对于创建它的应用程序都是私有的，所以它们的模式是 MODE_PRIVATE。如果一个首选项文件需要在不同的应用程序之间共享，它也可以被设置为 MODE_WORLD_WRITABLE 或者 MODE_WORLD_READABLE，这些选项允许其他应用程序分别写和读首选项文件。

2. 写入首选项

接下来是要将原始数据存储到首选项文件当中。下面的代码片段延续了之前的代码片段，展示了如何将数据添加到首选项文件中。这里需要使用 SharedPreferences.Editor 类来存储值。Editor 类的所有值都会被批处理并且需要将值提交成为持久型。在接下来的例子中，MyString 是字符串的键，该键的值为"Hello World！"，如下所示：

```
SharedPreferences.Editor editor = preferences.edit();
editor.putString("MyString", "Hello World!");
editor.commit();
```

3．读取首选项

下一步是读取首选项文件中的键值对。下面的代码片段展示了如何从首选项文件中读取数据。

```
String myString = preferences.getString("MyString", "");
```

提示：对于应用程序的所有组件来说，SharedPreferences都是可访问的。如果分别设置MODE_WORLD_WRITABLE或者MODE_WORLD_READABLE，其他应用程序可以写和读首选项文件。

要读取不同应用程序的首选项文件，第一步是让一个指针指向其他应用程序的上下文，然后读取值。

```
Context myContext = getApplicationContext().createPackageContext("com.
android.example", Context.MODE_WORLD_READABLE);
SharedPreferences preference =
myContext.getSharedPreferences("MyPref",Context.MODE_WORLD_READABLE);
String mMyString = preference.getString("MyString", "");
```

7.2.2　首选项 Activity

在蜂巢（Honeycomb，新版平板电脑操作系统），Android 扩展 Preference 类以收集设置界面的功能。这些值设置为一个 XML 文件，Activity 可以在该文件中扩充。在后台，Preference 类使用 SharedPreferences 类存储键值对，这样的设置对应用程序是私有的，并且只能通过某 Activity 类访问。

例如，要能够实现手机铃声的选择功能，下面的代码必须设置在 res/xml 目录下面的 Preference.xml 文件中。

```
<RingtonePreference
  android: name="Ringtone Preference"
  android: summary="Select a Ringtone"
  android: title="Ringtones"
  android: key="ringtonePref" />
```

要从这个 XML 文件中 inflate 一个 Activity，下面的代码用于 onCreate()方法。

```
public class Preferences extends PreferenceActivity {
  @Override
  protected void onCreate(Bundle savedInstanceState) {
  super.onCreate(savedInstanceState);
```

```
addPreferencesFromResource(R.xml.preferences);
. . .
}
```

切记一定要在清单文件中添加这个 Activity。

7.3 文　　件

应用程序也可以使用 Android 的文件系统来存储和检索数据。java.io 包提供了这种功能，该软件包提供了从文件读写不同数据类型的类。默认情况下，由应用程序创建的文件对于应用程序都是私有的，是不能被其他应用程序访问的，在系统重启以及应用程序崩溃时文件是永久保存的，它们只在卸载应用程序时被删除。

7.3.1　创建一个文件

下面的代码片段当中显示了如何创建一个文件。正如之前所说的，默认情况下，所有文件对于应用程序都是私有的。

```
FileOutputStream fOut = openFileOutput("MyFile.txt", MODE_WORLD_
READABLE);
```

上述 MyFile.txt 文件将被创建在/data/data/<application-path>/files/目录下面。由于上面的文件创建为 MODE_WORLD_READABLE，这意味着其他应用程序可以读取此文件。其他选项是 MODE_WORLD_READABLE、MODE_PRIVATE 和 MODE_APPEND，分别代表允许其他应用程序写入文件、保持应用程序的私有性以及向其中追加信息。决定适当的可见性是很重要的，考虑到总是需要安全的规则，因此仅给予最小规模的可见度。

由于 MODE_WORLD_READABLE 和 MODE_WORLD_WRITABLE 是非常危险的选项，所以从 API level 17 开始，这些选项已被弃用。如果文件还需要在拥有相同证书的应用程序之间共享，则可以使用 android:sharedUserId 选项。如果这些是不同的应用程序，那么文件存取可以用封装类来处理，文件访问接口提供读写功能。访问这个封装类可以使用权限进行保护。

7.3.2　写入一个文件

下一步是写入一个文件。下面的代码片段显示了使用 OutputStreamWriter 类将一个字符串写入到文件当中。在 java.io 包有许多可用的选项用于把不同类型的数据写入文件。
在使用时请仔细查看该软件包，为用例挑选正确的选项。

```
String myString = new String ("Hello World!");
FileOutputStream fOut = context.openFileOutput("MyFile.txt",MODE_ PRIVATE);
OutputStreamWriter osw = new OutputStreamWriter(fOut);
osw.write(myString);
osw.flush();
osw.close();
```

7.3.3　从文件读取

如前所述，请查看 java.io 软件包以便找到从一个文件读取数据的最好方法。下面的
代码片段展示了如何从文件读取字符串。

下面的例子一次从文件中读取一行。

```
FileInputStream fIn = context.openFileInput("MyFile.txt");
InputStreamReader isr = new InputStreamReader(fIn);
BufferedReader bReader = new BufferedReader(isr);
StringBuffer stringBuf = new StringBuffer();
String in;
while ((in = bReader.readLine()) != null) {
  stringBuf.append(in);
  stringBuf.append("\n");
}
bReader.close();
String myString = stringBuf.toString();
```

7.3.4　外部存储器的文件操作

也可以在外部存储器创建一个文件。如果是 API 8 或更高版本，Android 提供了一个
特殊的函数 getExternalFilesDir()，该函数用于从外部存储器上获得应用程序目录。

```
File file = new File (getExternalFilesDir(null), "MyFile.txt");
```

在上面的代码当中，getExternalFilesDir()方法接收一个参数，该参数会基于媒体类型
来确定适当的存储目录。例如，在存储图片时，会使用 ENVIRONMENT.DIRECTORY_
PICTURES；存储一个音乐文件，会使用 ENVIRONMENT.DIRECTORY_MUSIC。如果
不存在这样的一个目录，它将被创建，随后文件将存储在该目录当中。其中，null 值指的
是应用程序的根目录。

```
File file = new File (
  getExternalFilesDir (ENVIRONMENT.DIRECTORY_PICTURES),
  "MyFile.jpg");
```

如果是 API 8 以下的版本，用户可以使用 getExternalStorageDirectory()来获得外部存储器的根目录。文件可以创建在/Android/data/<application-path>/files/目录中。

要在外部存储器创建一个文件，应用程序应该有 WRITE_EXTERNAL_STORAGE 权限。当用户卸载应用程序时，外部存储器上所创建的文件将被删除。

外部存储器缺乏内部存储器的安全机制，因此最好假定任何数据存储在外部存储器是不安全的并且是全局可读。如果不挂载外部存储器，该文件无法访问，所以必须为应用程序的失效采用适当的错误处理机制。

在某些情况下，特别是如果文件没有 PII 又需要在不同的设备上进行共享时，使用外部存储器就尤为理想。当搜索相关内容时媒体扫描器扫描这些目录。这些相关目录如下所示，存储在应用程序的根目录/data/data/<application-path>/后面。

- ❑ 音频文件：Music/
- ❑ 播客文件：Podcasts/
- ❑ 视频文件（摄像机除外）：Movie/
- ❑ 铃声：Ringtones/
- ❑ 图片：Pictures/
- ❑ 其他下载：Downloads/
- ❑ 通知声音：Notifications/
- ❑ 闹钟：Alarms/

7.4　缓　　存

如果一个应用程序需要对数据进行缓存，请谨慎使用 Android 堆所提供的缓存存储机制。Android 将缓存文件与应用程序一起存储在文件系统当中，以便与创建它们的应用程序一起沙盒封装化（Sandboxed）。所有缓存文件创建在/data/data/<application-path>/cache/目录，如果系统是低内存运行，这些缓存文件将最先被删除。定期精简这些文件是必要的，因为它们会变大并且占用磁盘空间。

在下面的代码片段当中，首先将一个字符串写入缓存文件，然后从缓存文件中读取相同的字符串。读和写两个操作与任何文件的输入/输出是一样的，只是文件的路径是将 getCache Dir()的结果写入到字符串当中，如下所示：

```
//Write to the cache file
String myString = new String ("Hello World!");
File file = new File (getCacheDir(), "MyCacheFile");
FileOutputStream fOut = new FileOutputStream(file);
OutputStreamWriter osw = new OutputStreamWriter(fOut);
osw.write(myString);
osw.flush();
osw.close();
// Now read from the cache file
File file = new File (getCacheDir(), "MyCacheFile");
FileInputStream fIn = new FileInputStream (file);
InputStreamReader isr = new InputStreamReader(fIn);
BufferedReader bReader = new BufferedReader(isr);
StringBuffer stringBuf = new StringBuffer();
String in;
while ((in = bReader.readLine()) != null) {
  stringBuf.append(in);
  stringBuf.append("\n");
}
bReader.close();
String myString = stringBuf.toString();
```

与在外部存储器可以创建一个文件一样,缓存文件同样也可以创建在外部存储器当中。该方法根据 API 不同的级别而不同。从 API 8 开始,Android 提供了一个称为 getExternal CacheDir()的特殊函数,用于获得外部存储器上的缓存目录。如下所示:

```
File file = new File (getExternalCacheDir(), "MyCacheFile");
```

这个目录链接到应用程序,若应用程序被卸载则这个目录将不复存在。如果程序运行在一个多用户环境当中,那么每个用户都有他自己的个人目录。

如果 API 级别小于 8,用户可以使用 getExternalStorageDirectory()来获得外部存储器,然后在/Android/data/<applicationpath>/cache/目录下创建文件。

要在外部存储器创建缓存文件,应用程序应该拥有 WRITE_EXTERNAL_STORAGE 权限。

在外部存储器上创建一个缓存文件并非没有安全问题。首先,如果外部存储器没有加载缓存文件,则无法访问该文件,并且必须要为应用程序的失效采用适当的错误处理机制。其次,外部存储器本质上是不安全的,所以任何存储在外部存储器的文件都应该认为是全球可读的。

提示: 缓存文件应定期整理,不需要的文件应该删除以腾出内存空间。

7.5 数 据 库

对于存储结构化数据来说，使用数据库进行处理是最好的选择。Android 系统当中使用 android.database.sqlite 软件包来提供对 SQLite 的支持，该数据库作为 Android 堆当中的一部分，并且由系统管理数据库。移动操作系统使用 SQLite 是一个明智的选择，因为它小并且不需要安装和管理，同时它又是免费的！

一经创建，数据库文件就和应用程序一起被沙盒封装化，然后存储在/data/data/<application-path>/databases/目录中。这个私有数据库将被应用程序的所有组件访问，而不是其他的外部应用程序。

下面的代码片段展示了如何创建一个驻留在内存的数据库。类将扩展 SQLiteOpenHelper 类，并使用 SQL（Structured Query Language，结构化查询语言）语言的 CREATE_TABLE 子句。所创建的表用于存储用户标记为意愿清单的书籍列表。wishlist 表有两列，一列是自动增加的 ID，一列是这本书的书名。

请注意这里所使用的两种方法：onCreate()和 onUpgrade()。onCreate()将创建一个新的数据库（如果不存在）和一个新的数据库表，如果数据库已经存在，则调用 onUpgrade()。

```java
public class MySQLiteHelper extends SQLiteOpenHelper {
 public static final String TABLE_NAME = "wishlist";
 public static final String COLUMN_ID = "_id";
 public static final String COLUMN_BOOK = "book";
 private static final String DATABASE_NAME = "bookstore.db";
 private static final int DATABASE_VERSION = 1;
 @Override
 public void onCreate(SQLiteDatabase database) {
   database.execSQL("create table " + TABLE_NAME + "("
     + COLUMN_ID + " integer primary key autoincrement, "
     + COLUMN_BOOK + " text not null);");
 }
 @Override
 public void onUpgrade(SQLiteDatabase database) {
   database.execSQL("drop table if exists " + TABLE_NAME);
   onCreate(db);
 }
 . . .
}
```

　　类似地，可以使用其他数据库查询添加、读取以及删除一行数据。任何一本 SQL 的书籍均可以帮助大家来完成这些查询。

　　另外，还可以在外部存储器创建一个数据库。创建一个接收目录路径的自定义上下文类可以做到这一点，但还需要有写外部存储器的权限。然而，如果表里有敏感信息这样做是不明智的。

　　正如前面所提到的，SQLite 数据库是一个私有数据库，与应用程序一起沙盒封装化。为了预防这些数据需要与其他应用程序共享，可以使用一个被称为 URI 的 Content Provider 来实现。这已经在第 2 章中进行过详细介绍了。

7.6　账 户 管 理

　　在存储敏感数据的前提下，存储密码或身份验证令牌是一个重要的方面。一些应用程序允许用户密码登录，如 Google Mail、Twitter 和 Facebook。其他应用程序如同使用验证协议那样使用身份验证令牌，如 OAuth2。

　　Android 提供了 android.accounts.AccountManager 类作为一个集中的存储库来存储用户凭证。应用程序可以选择使用自己的可嵌入身份处理账户认证。不管是存储用户名来鉴别身份信息，还是创建自定义的账户管理器，Android 的 AccountManager 都是一个强大的工具。

　　AccountManager 类功能被权限所保护，因此应用程序将不得不请求 android.permission. GET_ACCOUNTS 访问它所存储的账户列表，android.permissio.ACCOUNT_MANAGER 则用于 OAuth2。

　　每个账户都按照某种命名空间格式进行使用。例如，一个 google 账号使用 com.google，一个 Twitter 账号使用 com.twitter.android.auth.login。下面的代码当中演示了如何对 Account Manager 进行访问。

```
AccountManager am = AccountManager.get(getApplicationContext());
```

整个账户列表可以使用下面的代码检索。

```
Account[] accounts = am.getAccounts();
```

auth 令牌以 Bundle 的形式获得，并使用 KEY_AUTHTOKEN 指定的值检索。

```
String token = bundle.getString(AccountManager.KEY_AUTHTOKEN);
```

当使用 AccountManager 时要记住两个重点。第一，如果应用程序试图使用 OAuth2

进行身份验证，那么应用程序将与服务器建立通信，这可能会导致延误和异步调用；第二，凭证以纯文本的方式存储在 AccountManager，因此在一个经过 root 之后的手机上，使用 adb shell 命令就可以使它们对于任意用户可见。所以，正如在设备上存储信息一样，不管对其进行散列还是加密，都应该以一个安全的加密方式存储，而不是明文存储密码和其他 PII。这样将把破坏设备的风险最小化。

7.7　SSL/TLS

笔者读过一个非常有趣的有关中间人（man-in-the-middle，MITM）攻击传输数据的一项研究。该项研究是使用 SSL（Secure Socket Layer）或 TLS（Transport Layer Security）协议来保护网络中的数据。许多应用程序因为没有正确使用 SSL/TLS 而导致漏洞。另一个有趣的现象是，通常与使用 SSL/TLS 的网站相关联时，Android 浏览器在地址栏上都不会显示绿色的挂锁，因此用户此时并没有意识到正在使用不安全的网站。有关该论文的详细内容，可以参阅链接 http://www2.dcsec.uni-hannover.de/files/android/p50-fahl.pdf。笔者相信这将是一个有趣的阅读经历。

前面的研究说明了在应用程序里面正确实现协议的重要性。本节介绍 SSL/TLS 和一些正确地实现它的说明。由 Netscape 开发的 SSL 是一个在互联网上的安全通信协议，该协议遵循一系列在客户端和服务器之间的调用，它们协商数据交换的密钥和密码组合。

Android 提供了集成 SSL/TLS 的能力，它们使用 javax.net.ssl、org.apache.http.conn.ssl 和 android. net 包。图 7-2 展示了 SSL 中的时序。

第一步是创建一个密钥存储库并导入服务器证书链。接下来是将密钥存储库与 DefaultHttpClient 链接，这样就能了解哪里能找到服务器的证书。

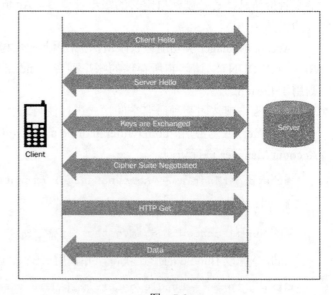

图　7-2

在应用程序的开发阶段，尤其是在企业环境中，需要建立 SSL 以便通过创建一个自定义 TrustManager 去信任所有证书，并且允许所有的主机名使用 SSLSocketFactory.ALLOW_ALL_HOSTNAME_VERIFIER。但是如果这样的应用程序被发布，将会引出一个严重的安全漏洞。因此，请在应用程序发布前检查该项。以确保在应用程序发布之前解决该安全问题。

7.8　在外部存储器安装应用程序

正如之前在第 4 章中所讨论的那样，从 API level 8 开始应用程序可以选择安装在 SD 卡上。一旦 APK 文件移动到外部存储器，应用程序所占用的内存通常为存储在内部存储器的、应用程序的私有数据。需要注意的是，即使 Android 安装包（APK）驻留在 SD 卡上，DEX 文件、私人数据目录和本地共享库依然驻留在内部存储器当中。

可以在清单文件中添加一个可选属性启用该特性。根据当前 APK 的存储位置，类似这样的应用程序的 Application Info（应用程序信息）屏幕上将会有"Move to SD card（移到 SD 卡）"或"Move to Phone（移到设备）"按钮。用户将会选择其中一个选项来相应地移动 APK 文件所在位置。如果外部设备被卸载或 USB 模式被设置为大容量存储器（设备作为磁盘驱动器），所有驻留在外部设备的正在运行的活动和服务立即停止。

图 7-3 显示了选择"Move to SD card（移到 SD 卡）"时应用程序的设置。

每个应用程序的 ApplicationInfo 对象现在有一个名为 FLAG_EXTERNAL_STORAGE 的新标记。这个标志被设置为 true 值，应用程序就可以存储在外部设备。如果卸载了这样的应用程序，该应用程序的内存也被清除。如果外部设备不可用（例如 SD 卡被卸载），则内存不被清除。在这种情况下，用户可以通过卸载应用程序清除内存。

此外，还添加了两个新的广播。

❑ ACTION_EXTERNAL_APPLICATIONS
　_UNAVAILABLE：该 Intent 是当 SD 卡

图　7-3

被卸载时发出的。它包含一个禁用的应用程序列表（使用 EXTRA_CHANGED_ PACKAGE_LIST 属性）和一个不可用的应用程序 UID 的列表 （使用 EXTRA_ CHANGED_UID_LIST 属性）。

❑ ACTION_EXTERNAL_APPLICATIONS_AVAILABLE：该 Intent 是当 SD 卡变 得再次可用时发出的。它包含一个禁用的应用程序列表（使用 EXTRA_CHANGED_ PACKAGE_LIST 属性）和一个不可用的应用程序 UID 的列表 （使用 EXTRA_ CHANGED_UID_LIST 属性）。

当一个应用程序从内部存储器移到外部设备时，ACTION_EXTERNAL_APPLICATIONS_ UNAVAILABLE 失效。随后，资产和资源被复制到新的位置，然后应用程序被启用，ACTION_EXTERNAL_APPLICATIONS_AVAILABL Intent 再次关闭。

提示：任何类型的外部设备本身都是不安全的。例如，由于电源故障（在通话的情况下 电池没电）或不恰当地移除卡（没有正确地卸载），SD卡容易存储损坏。SD卡也 在全局范围内可读，所以应用程序可以读、写、复制或删除当中的数据。

为了把 APK 安全地存储在外部设备，Android 应用程序都被存储在一个加密的容器 （ASEC 文件）中，以便其他应用或程序不能修改或破坏它们。ASEC 文件是一个加密文 件系统，其密钥可以由设备随机生成和存储，也只有最初安装它的设备才可以对它进行 解密。因此，安装在一张 SD 卡的一个应用程序仅适用于一个设备。

当加载 SD 卡（使用 Linux 回环机制）时，这些容器就会和应用程序一样被加载到内 部存储器。文件系统有执行权限，因此其他应用程序不能修改它的内容，除了系统本身，任何应用程序都不可以通过 ASEC 文件修改任何内容，因为其他应用程序没有密钥。另 外，SD 卡被挂载为"noexec"，所以任何人都不能把可执行代码放在其中。

多个 SD 卡可以关联到一个设备，所以 SD 卡可以很容易地交换。只要安装 SD 卡，就不存在性能问题。

Android 开发者网站（developer.android.com）给出了一个用例列表，当正在一张 SD 卡上安装一个应用程序时，如果 SD 卡被卸载，会使应用程序执行不正常，它们当中的一 些项目，如 Service 等，将会基于手机启动时服务启动的先后顺序进行启动。

❑ Services：运行中的 Service 将被停止。应用程序可以注册 ACTION_EXTERNAL_ APPLICATIONS_AVAILABLE 广播 Intent，当应用程序安装在外部存储器并且 对系统来说已经可用时，它将通知应用程序。一旦收到 Intent，Service 就可以重 新启动。

❑ Alarm services：通过 AlarmManager 注册"报警"将被取消，当重新安装一个外 部存储器时必须手工重新注册"报警"。

❑ 输入法引擎（Input Method Engines，IME）：IME 是一种允许用户输入文本的控制。如果输入法驻留在外部存储器，取而代之的将是默认的输入法。当一个外部存储器被重新安装时，用户将不得不打开系统设置来再次启用自定义输入法。

❑ 动态壁纸（Live Wallpapers）：如果一个动态壁纸被设置为存储在外部存储器，默认动态壁纸将取代在用动态壁纸。当一个外部存储器被重新安装时，用户将不得不再次选择他们自定义的动态壁纸。

❑ 应用程序窗口微件（App Widgets）：如果应用程序窗口微件驻留在外部存储器，它将被从主屏幕移除。在大多数情况下，一个应用程序窗口小部件再次出现在主屏幕上需要重启系统。

❑ 账户管理器（Account Managers）：如果任何账户都是由 AccountManager 创建的，它们将会暂时失效，直到外部存储器被重新安装。

❑ 同步适配器（Sync Adapters）：AbstractThreadedSyncAdapter 及其所有的同步功能将不会工作。为了重新同步工作，外部存储器不得不再次被安装。

❑ 设备管理器（Device Administrators）：当 DeviceAdminReceiver 及其所有管理功能被禁用时，即便 SD 卡被重新安装这部分也不可能具有全部的功能。

❑ 广播接收器（Broadcast Receiver）：当系统在外部存储器被安装到设备之前传输这个广播时，任何正在监听 ACTION_BOOT_COMPLETE 广播的广播接收器将停止工作。所以任何安装在外部存储器的应用程序都不能接收这个广播。

7.9　小　　结

本章涵盖了在 Android 上可用的存储机制。了解例如隐私、数据保留等术语，在收集个人身份信息之前应该考虑这些问题，以避免法律和道德问题。重要的是，要注意有关隐私和数据安全的法规，根据不同的国家和用例是不同的。存储用户首选项需要使用共享首选项，在文件、缓存和数据库上存储、读和写数据。当使用 SSL/TLS 以及应用程序安装在外部存储器时，还包括了一些重要的考虑因素。

接下来的第 8 章~第 10 章将涉及一些非常有趣的话题，如设备管理、安全测试以及在 Android 上的新兴用例。

第8章 Android 在企业的运用

随着移动设备变得无处不在,越来越多的员工都将他们的移动设备用于工作当中,并要求企业数据可通过他们的个人或企业移动设备进行访问。这带来很大的便捷,但同时也存在严峻的挑战。由于移动设备受损或遗失进而所造成的企业数据丢失,其代价是异常昂贵的。

随着员工的移动设备不断增多,IT 部门面临着诸多挑战:其一,是具有不同外形和功能的移动设备非常广泛。其二,是要将员工纳入管理,就其移动设备的特定应用及某些部件接受企业的控制。其三,是对移动设备管理提供持续不断的支持。

本章的重点是 Android 设备的设备管理。如果读者并非为企业开发应用软件,可以跳过本章,直接进入第 9 章的阅读,以了解有关测试 Android 应用程序的安全性问题。

本章首先讨论关于 Android 生态系统的设备管理和挑战的基础知识;其次会讨论建立和实现设备管理策略机制以及 Android 接收器。另外,还会讨论存储在设备上以及传输过程当中数据的安全性。本章结尾部分提出建立 Android 设备管理、设备管理者应当注意的策略以及遵循的指导方针等相关建议。

8.1 基 础 知 识

论及企业设备时,下面提到的这 3 个术语将会被反复使用,即 BYOD、MDM 和 MAM。这几个术语将会贯穿本章的所有内容,因此在讨论其他内容之前,首先来了解这些术语的含义。

第一个术语是自带设备(Bring Your Own Device,BYOD)。该术语指的是近年来的趋势:员工将自己的移动设备带来工作,在个人设备上访问企业数据和应用。其中之一的应用场景就是用个人移动设备访问电子邮件和办公文档。

第二个术语是移动设备管理(Mobile Device Management,MDM)。MDM 指的是远程管理用于访问企业应用程序和数据的移动设备,这些移动设备既可以是公司所属,也可以为雇员所拥有。例如远程删除企业数据、要求用户设置密码等。这些功能加强了企业对系统功能的控制。

本文常用的第三个术语是移动应用管理(Mobile Application Management,MAM)。该术语指的是对访问企业数据的移动设备中的软件和服务进行的管理。MAM 的应用实例包括应用程序升级、获取崩溃日志和用户数据并将其发送给 IT 部门。MAM 不同于 MDM，后者侧重于设备的功能，而 MAM 则是专注于安装在设备上的软件和服务。

8.2　了解 Android 生态系统

Android 是一个富有挑战性和吸引力的生态系统，具有数量众多的定制发布版本。图 8-1 显示的是撰写此书时各个 Android 版本的使用情况。从图中不难发现，在任何给定时期都会有不同的 Android 版本投入使用。了解每个版本之间的细微差别以及每个版本的特殊需求本身就是一项比较专业的任务，这可以随时登录 http://developer.android.com/about/dashboards/index.html 以查询各版本使用情况的最新统计数据。

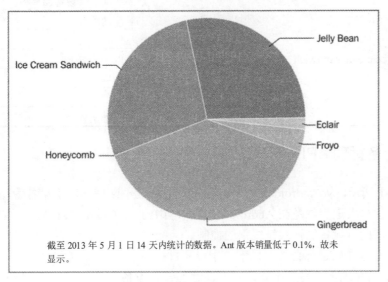

截至 2013 年 5 月 1 日 14 天内统计的数据。Ant 版本销量低于 0.1%，故未显示。

图　8-1

如前所述，每个厂家都有定制版的 Android 软件开发包与它们所选择的特性和功能。在这个应用程序堆之上，运营商们也为它们的用户添加一些定制性服务。这造就了一个高度分化的市场。

8.3　设备管理功能

从 Android 2.2 开始，Android 不断增加功能，为进入企业做好准备。每个后续版本都会提升或增加现有版本的功能。表 8-1 列出了随着 Android 版本升级得以实现的特定企业功能。本节将重点讲述其中一些功能。

表 8-1

Android 发布版本	企 业 功 能
Froyo（2.2）	密码策略
	远程擦除
	远程锁定
Gingerbread（2.3）	SIP 支持
Honeycomb（3.0）	平板电脑的加密和密码策略
	针对平板电脑系统加密
Ice cream sandwich（4.0）	扩展系统加密、设备加密和密码策略
	证书管理功能
	VPN
	SSL VPN 开发接口
	面部识别解锁
	网络数据使用监控
	离线邮件搜索

8.3.1　设备管理 API

如表 8-1 所示，从 Android 2.2 开始，Android 便在不断增加对于设备管理的支持。在这方面所做的最大进步就是在 Android 2.2 版本当中引入了设备管理 API，这些 API 用以支持企业所需的对设备进行系统级别的控制。

设备管理 API 的运行会按照以下 4 个步骤进行：

（1）系统管理员编写应用软件，实现远程管理设备。

（2）用户下载来自 Google 市场或任何其他应用程序商店的应用程序，用户也可以通过电子邮件安装应用程序。

（3）下载完成后，用户可以安装该应用程序。在安装过程当中，向用户呈现将在设备上实施的策略。用户必须同意这些策略才能激活应用程序。

（4）安装成功后，用户必须遵守这些策略，以便访问敏感信息。用户可以卸载应用程序，结果将导致对敏感数据的拒绝访问。

在流程图 8-2 中所显示的就是用户安装管理程序后，该程序将会强制执行口令策略，使密码必须包含某些类型的字符的程序处理流程。

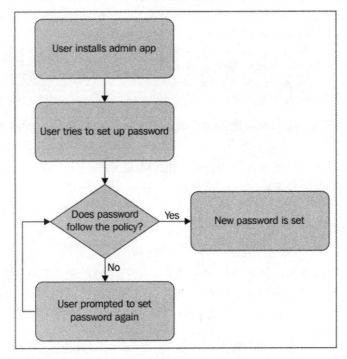

图　8-2

　　设备管理 API 被打包为 android.app.admin，它包括如下 3 个类：DevicePolicyManager，其功能是定义和执行策略；DeviceAdminInfo，包含为设备管理组件提供的元数据；DeviceAdminReceiver，作用是执行接收器组件。

1. 策略

　　策略是设备管理的一个不可或缺的组成部分。此书编写之时，设备管理 API 支持与密码、远程擦除、禁用相机、设备加密以及锁定设备等相关的策略。实施密码策略的实例包括：要求密码包含字母、数字、字符，密码过期和超时，以及密码尝试最大次数。现行策略清单可以查看 android.app.admin.DevicePolicyManager 进行验证。

　　策略是在 res 文件夹下面的一个 XML 文件当中进行定义的。以下是一个策略的示例文件，该文件对密码进行限制、可以将设备远程重置到出厂设置、禁用照相机、加密存储并锁定该设备。在安装时，这些策略会向用户显示。

```
<device-admin xmlns: android="http//schemas.android.com/apk/res/android">
    <uses-policies>
            <limit-password />
        <force-lock />
```

```
        <wipe-data />
        <expire-password />
        <encrypted-storage />
        <disable-camera />
    </uses-policies>
</device-admin>
```

其他的一些策略在陆续地被增加到新版本中。读者可以查阅当前的构建版本，并实施相应的策略。

一个设备管理应用程序会包含 DevicePolicyManager，它负责对一个或多个设备管理接收器进行策略管理。如下所示：

```
DevicePolicyManager mDPMgr =
  (DevicePolicyManager)getSystemService
    (Context.DEVICE_POLICY_SERVICE);
```

使用以下代码可以远程擦除电话里的数据。值得注意的是，在应用市场上还会存在着一些伪造的设备管理应用程序。因此，请务必下载管理员所推荐的正确的管理应用程序，不安全的应用程序或木马程序可以很容易地泄露数据，这点很重要。

```
DevicePolicyManager mDPMgr;
mDPMgr.wipeData(0);
```

设定文件系统加密策略，可以使用以下这段代码：

```
DevicePolicyManager mDPMgr;
ComponentName mMyDeviceAdmin;
mDPMgr.setStorageEncryption(mMyDeviceAdmin, true);
```

2．DeviceAdminReceiver

将 DeviceAdminReceiver 细分成子类，用以创建设备管理应用程序。这个子类包含了回调函数，以便当特定事件发生时会触发回调。这些 Intent 是由系统发送的，因此，接收者应该能够处理 ACTION_DEVICE_ADMIN_ENABLED Intent。

DeviceAdminReceiver 需要 BIND_DEVICE_ADMIN 权限。BIND_DEVICE_ADMIN 是一个特殊权限，只能由系统访问，而不能由应用程序访问，这确保了只有系统与接收器才能进行交互。

接收器还引用上文提及的元数据策略文件。以下代码片段则是其中的示例声明：

```
<receiver android: name="MyDeviceAdminReceiver"
          android: label="@string/my_device_admin_receiver"
          android: description="@string/my_device_admin_desc"
```

```
android: permission="android.permission.BIND_DEVICE_ADMIN">
<meta-data android: name="android.app.my_device_admin"
        android: resource="@xml/my_device_admin" />
<intent-filter>
    <action android: name="android.app.action.DEVICE_ADMIN_ENABLED"
    />
</intent-filter>
</receiver>
```

在屏幕截图 8-3 中显示了对公司的电子邮件进行 Exchange ActiveSync 设置。这仅是一个说明流程的例子，在截图中，实际账户详细信息必须填写，即填写公司账户详细信息息（请注意选择加密的 SSL 连接）。

单击 Next（下一步）按钮，用户可以选择哪些功能应同步到该设备。在这个例子当中，用户选中了所有由 Exchange ActiveSync 所提供的功能，即邮件、通讯录和日历，如图 8-4 所示。

图　8-3　　　　　　　　　　　　　　　图　8-4

第三步如图 8-5 所示，如果用户决定安装该应用程序并能够访问敏感信息，则必须确认同意将在设备上实施的安全策略；如果用户拒绝该策略，则该应用程序将不被安装（在示例中，邮件、通讯录、日历将不会同步）。

下一步，用户将审查通过同步电子邮件而将被执行的策略。如前所述，这些策略是定义在策略文件当中的。在图 8-6 中所显示的是由于员工设备丢失、员工停止为企业工作或其他原因，设备管理员可以远程擦除员工设备里的所有数据的情况。其中的第二个策略是：设备管理员将设置密码规则，这些密码规则可以是其中任意一个。

图　8-5　　　　　　　　　　　　　　　　图　8-6

8.3.2　保护设备上的数据

对于 MDM 的一个主要需求就是要保护存储在设备当中的企业数据。Android 设备通常有两种形式的数据存储：内部存储和外部（可移动的）存储介质。从 Honeycomb 版本开始，内部文件系统将被挂载至/mnt/sdcard，外部存储被挂载至/mnt/external#（其中，"#"代表的是外部设备的数字）。早期版本将内部存储挂载至/mnt/sdcard ，而 SD 卡则被挂载至/mnt/sdcard/external_sd。但 Android 堆的定制版本可能不一定会遵循这些原则。

Android 通过对设备全磁盘加密，以及通过支持加密算法来解决企业数据保护的问题。

1．加密

Android 3.0 当中增加了对全磁盘加密功能的支持，用以防止未经授权的用户数据访问。该文件系统是使用 dm_crypt 内核功能进行加密，并在块设备层上工作。秘密来源于用户密码，使用 AES-128 的 CBC 模式和 ESSIV：SHA-256 进行加密。该加密密钥是通过使用开放的 SSL 与 AES-128 进行加密。

为了全磁盘加密生效,设备需要使用密码进行保护(图形密码将无法生效)。该设备必须使用密码解锁才能访问文件系统。设备管理员可以设置一个策略以限制密码试验次数,错误密码输入次数超出,该设备将重置为出厂设置。

用户必须手动接受设备加密。注意,设备第一次加密时应当具有充足的电量以完成加密过程。如果设备电源耗尽,则必须设置到出厂设置,所有用户数据都将丢失。

提示:*仅设备上的文件系统被加密。诸如SD卡等的外部存储器不会被加密。*

正如第 6 章所讨论的那样,Android 堆支持加密算法,如加密和散列。一旦出现信息必须存储在 SD 卡的情况,Android 堆所支持的加密功能都可以使用。设备管理员可以强制执行存储在 SD 卡上的任何数据必须加密的策略。

即便实现了完全的设备加密,仍然还需要注意以下的几个问题:首先是“肩窥(shoulder surfing)”,即在人群密集的地方,可以从一个人的肩膀上方窥探到密码。每个人都应该铭记这一问题。其次,尽管需要输入密码来解锁手机相当麻烦,为了确保企业数据的安全,请避免选择简单的口令,最好是选择一个难以被破解的密码。设备策略可以为相同的情况设定某种需求场景。再次,请务必牢记:只有文件系统的数据分区被加密!在别处存储数据很容易,但出于安全原因,任何企业数据都应存储在数据分区。

2. 备份

Google 为 Android 设备提供备份服务,诸如壁纸、设置、词典以及浏览器设置等数据都可以进行备份。当手机被恢复到出厂设置,以上这些设置都可恢复。但敏感数据,如密码、锁屏密码、短信和通话记录都不会被备份。备份服务也只能使用 BackupManagerAPI 进行访问。备份必须通过“设置”→“隐私选项”来手动启用。

Google 不保证备份的安全,因为不同的 Android 版本实现备份的方式不尽相同。这种备份服务可能无法适用于所有的 Android 设备。

8.3.3　安全连接

Android 系统原生支持 VPN,管理员可以建立一个自定义的 VPN,同时也可能会需要使用 VPN 进行所有通信。这在通过开放热点进行连接时会十分便利。最新的功能只在 Android 4.2 上可用。图 8-7 中所显示的是该手机支持的一些 VPN 协议截图。

若连接到一个无线网络,用户应该选择一个安全的无线连接。在这种情况下,用户将被提示输入密码,如图 8-8 所示。

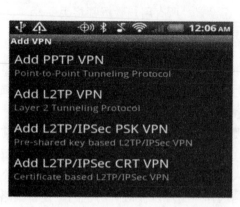

图　8-7　　　　　　　　　　　　　　　　　图　8-8

8.3.4　身份

Android 支持某种证书库以便将证书存储在设备上。同时，还允许经授权的应用程序使用它来识别电子邮件、无线网络连接以及虚拟专用网（Virtual Private Network，VPN）。Android 支持 DER 编码的 X.509 证书，还支持 X.509 证书存储为 PKCS＃12 密钥库文件。

Android 支持 Bouncy Castle 并预装有证书，这可在 cacerts.bks 密钥库获取。

用户还可以从其设备内存中安装证书。通过导航，从位置与安全（Location & Security）设置进入到设置下的从 SD 卡安装（Install from SD Card）选项，新证书就可以安装到设备上。用户应注意安装了什么证书，因为安装非合法证书可能危及该设备的安全性。

要删除证书，用户可以到个人|安全|证书存储|可信证书（Personal | Security | Credential Storage | Trusted Credentials）选项下去禁用或删除证书。

8.4　后 续 步 骤

在了解了 Android 支持 BYOD 的功能之后，本节讨论如何利用上述知识来推广 Android 支持企业的服务。

8.4.1　设备的具体决定

为了充分发挥 Android 设备的功能，设备必须与 Google 账户关联。这可以使用户能够访问 Google Play、定位服务以及使用许多其他应用程序，如 Gmail、驱动器、日历和 YouTube。对于设备管理员而言，重要的问题是到底希望员工用自己的 Google 个人账户还是独立的企业帐户。

另一个重要的问题是定位服务的启用。对于一些可能不喜欢被追踪的高级员工而言，还存在着隐私风险，另一方面，如果设备失窃，启用定位服务则有助于确定设备的位置。

第三个重要的问题是备份和存储。与定位服务一样，备份和存储是重要的功能，但也会引发隐私泄露的忧虑。设备管理员可能会强制加密存储或指定一个私有企业云存储，但这很快会增加维护成本。要启用备份，用户必须明确进入设置|隐私（setting | privacy）选项，选择"备份我的数据（Back up my data）"，如图 8-9 所示。

图　8-9

这里需要注意的是需要妥善处理被 root 提权的 Android 设备。要提权一台 Android 设备并不需要太多时间，而且指令也随时可得。在澳大利亚、欧洲和美国，提权设备是合法的。一部经提权后的设备无法满足企业使用的安全标准，因此，对于设备管理员来说，检测已提权的设备是项重要的考虑因素。由于有许多方式可以获取设备的最高权限，因此检测十分不易。

其次，员工从应用商店下载企业的应用程序也存在着一定的问题。除了 GooglePlay 应用市场之外，Android 应用程序还可以从其他应用商店下载，如 Amazon App Store 和 GetJar。例如，笔者曾经检查发现有 128 个以上的应用商店，应用程序可以在其中任何一个商店托管。应用程序也可以从网站或通过电子邮件或通过侧面装载（side loading）进行下载。设备管理员可以选择为企业建立应用程序商店来解决这一问题，这可以确保此处只有合法的应用程序存在。为了使应用程序从 GooglePlay 市场之外下载，用户必须明确选择未知来源选项，如图 8-10 所示。

图　8-10

设备管理的基本思路是，该设备是可用的、直观的，并应保留原生体验却不影响安全性。在两者之间保持平衡很难，但的确是个挑战。

在 Android 这个不断发展、充满活力的生态系统中，需要 Android 专家和热衷于 Android 的爱好者，并保持与 Android 生态系统中即将发生的变化之间的同步。为了使知识常新，需要敏锐地了解用户如何与设备之间进行互动，洞察该领域里即将产生的创新。Android 专家就应该是一种这样的权威人士，同时也是在 Android 设备上部署企业应用程序的联络点。

8.4.2　了解你的社区

推广的第二个重要步骤是了解员工基本的偏好、要求和需求。这个步骤很重要，关于哪些应用和服务是员工所需的、需要创建何种访问控制和安全策略等，都需要做出明智的决定。收集关于他们对设备的偏好信息（喜欢手机还是平板电脑）、喜爱的应用程序、设备上需要的访问量等，这些信息非常重要。另一个因素是地域上的多样性。没有一个放之四海而皆准的解决办法。不同地域有各自不同的首选设备，有各自喜欢的应用程序，在设备上与企业数据进行互动情况也各不相同。

8.4.3　定义边界

清晰界定哪些设备被接受，哪些是不被接受的，将有助于解决 Android 上的碎片（fragmentation）问题。这些边界应基于功能而非版本来设定，因为制造商和运营商在不同的设备上以不同方式安装相同的版本。

另一个需要界定的是信任。一个公司的信息技术（IT）部门，应该在基于设备功能水平提高的情况下去允许增加存取权限。例如，如果一个设备不支持全盘加密，则只可以读取数据，而不能将其存储在设备上。由于 Android 的开放式应用程序生态系统，定期监测用户安装在自己设备上的应用软件非常重要。

第三个需要界定的是用户可以在自己的设备上安装的应用程序。Android 应用程序可以从不同的来源安装，这些来源不像 Apple App Store 那样，出于安全目的而紧密管理应用程序。为保持设备安全而定义哪些应用 Apple App Store 程序是允许的，哪些是不被允许的，还有很长的路要走。

Android 的兼容性计划

开放性是 Android 系统的目标。然而，为了在不同设备上获得持续的用户体验，OEM（原始设备制造商）必须参与到 Android 的兼容性计划当中。该计划向 OEM 提供工具和指南，这样就可以正确地标注其自身的设备，并确保应用程序如预期般地在设备上运行。对于 IT 人员来说，这是个有趣的项目，因为他们可以根据兼容级别定义他们的界限。

该兼容性计划提供了如下的 3 个关键组件。

❑ 兼容性定义文件（Compatibility Definition Document，CDD）：兼容性的策略文件，它定义了一个兼容堆的要求。例如，它列出一组被视为核心的 Intent 到 Android 堆，这些 Intent 应该总是得到支持。

❑ 兼容性测试套件（Compatibility Test Suite，CTS）：CTS 是一个在桌面运行的免费测试套件，可以在模拟器或设备上自动运行兼容性测试。在编写此书时，CTS 包括单元测试、功能测试、健壮性参考测试、为未来计划的性能测试。这其中包括检测硬件功能的一些例子，如 WiFi 和蓝牙。

❑ 兼容性测试套件验证（Compatibility Test Suite Verifier，CTS Verifier）：CTS 是一个在桌面上运行的免费测试套件，在模拟器和设备上需要手动输入来运行兼容性测试。CTS Verifier 则是 CTS 的补充。

根据上述标准，市场上存在 3 种类型的 Android 设备，表 8-2 显示每种兼容性类型的关键特征。

表　8-2

Google 引领的设备	Google 体验设备	其他（开放）设备
纯粹的 Android	CTS 兼容	不符合 CTS
非 OEM 或运营商定制	OEM 或运营商定制 应符合 Google 升级承诺	OEM 和运营商高度定制
例如，Samsung Galaxy Nexus，Motorola XOOM，HTC Nexus One	例如，Samsung Galaxy S11，HTC Rezound	例如，Kindle Fire，Motorola ET1 等平板

读者可以决定仅支持 Google 引领的设备和 Google 体验设备，它们几乎提供一致的功能，稍带些个性化体验。

8.4.4　推出支持

规划出分阶段推出 Android 设备的支持方案。IT 部门可以先从试点铺开，然后慢慢进行扩展。这在两方面有所帮助：第一，IT 部门可以判断他们的支持基础设施规模是否能够满足用户数目的增加；第二，他们可以基于收集到的统计数据，调整其支持。随着支持方案扩展到更多员工，任何错误和遗漏的需求都可以弥补。

在此推广期间，通过培训、wiki 百科、海报和快讯来对员工进行教育，将有助于员工了解这些信息。这也有助于他们了解为什么允许某些设备使用而禁止某些设备使用，背后的理由是什么；当用这些设备访问企业数据时，他们应该怎么做，怎样才是安全的做法。

8.4.5　策略和制度

回顾所有上述步骤时，不要对这一领域里的新兴标准和法规制度漠不关心。要及时了解对 BYOD、MDM 和 MAM 领域的研究，以及不同公司所采纳的新方法。

1. FINRA

美国金融业监管局（Financial Industry Regulatory Authority，FINRA）是美国规模最大的、对所有在美国开展业务的证券公司进行独立监管的机构。FINRA 的使命是通过确保证券行业公平诚实营业来保护美国的投资者。它们发布了关于监管在其成员公司移动设备上的电子通信的指导原则，这些都需要结合企业自身的分析加以考虑。关于这部分内容的详细信息，可以查阅 FINRA 的网站 www.finra.org，以便了解更多信息。针对个人移动设备和社交网站日益泛滥的实际，FINRA 发布了 3 则公告。它建议在任何情况下，要给予员工适当的培训、保存记录、在社交媒体网站理智发帖及持续督导。

　　FINRA 于 2007 年 12 月发布了第一则监管通知 07-59（https://www.finra.org/web/groups/industry/@ip/@reg/@notice/documents/notices/p037553.pdf）。这则公告提供了有关监管通过移动设备进行电子通信的核心准则。它主张企业电子邮件应始终流经企业邮件系统，而不应通过个人账户转发，这些企业电子邮件应该只流过被监控的网络，这将使电子邮件得到适当的监督。

　　FINRA 的第二则监管公告 10-06 于 2010 年 1 月发布，侧重于社交媒体网站和博客的使用（http://www.finra.org/web/groups/industry/@IP/@reg/@notice/documents/notices/p120779.pdf）。该公告明确表明员工不应在社交媒体网络上使用商业账户。这些网站应该不断为员工代表筛选，因为误导信息可能会对投资者产生不利影响。

　　第三则监管公告 11-39 于 2011 年 8 月发布，它将指导方针扩展到个人设备和社交媒体网站（http://www.finra.org/web/groups/industry/@ip/@reg/@notice/documents/notices/p124186.pdf）。此公告声明，员工可以使用个人设备进行通信，只要这条信息可检索并独立于个人通信之外。正如持续的培训，不断的监督设备也至关重要。

2．Android 更新联盟

　　遵守标准并非易事。在 2011 年 5 月举行的 Google I/O 大会上，Google 与其他许多设备制造商组成 Android 更新联盟，承诺在 18 个月内为新设备更新 Android 的任何新版本，该想法崇高而备受赞赏，但 OEM 厂商却难以跟进。

8.5　小　　结

　　本章重点关注对企业数据进行访问的企业和员工所持有的设备的管理。随着越来越多的员工要求在他们的移动设备上访问公司数据，对于 BYOD 技术而言，问题是信任、合规、治理和隐私，用户体验和安全性之间需要保持一种微妙的平衡。本章开头先探讨了富有挑战性和吸引力的 Android 生态系统，其次讨论了设备管理实施细则以及由 Android 软件开发包提供的其他企业功能。最后围绕着合规性和安全策略，就开始在企业空间支持 Android 需要考虑的举措展开讨论。

　　接下来即将转入第 9 章的学习，讨论从安全角度测试 Android 应用程序。

第 9 章 安 全 测 试

　　毫无疑问，本章是本书当中最为重要的章节。开发人员总会尽其所能的去编写优美而实用，并且是安全的代码。他们都曾经经历过为一个好主意而激动不已，并着力于付诸实施；在实现的过程当中也会遇见疯狂的时间表和非常短暂的时间期限。因此，所编写的代码或多或少都会存在缺陷。所以，测试缺陷则是任何代码生命周期中不可缺少的一部分。

　　如今，大多数的测试用例均关注于可用性、功能和压力测试。在大多数情况下，测试工程师在进行安全性测试时都会有些手足无措。忽视遵从性和安全性的应用程序往往需要重新设计或实现。就拿出于完整性目的而创建一个消息摘要的例子来说，开发人员可能会使用 SHA-1 创建一个 160 位的摘要。在服务器端，数据库被设计成可以容纳 160 位数据。当执行安全审查发现，使用 SHA-1 的强度不够，需要升级至 SHA-256。由于数据库被设计成只能容纳 160 位，这种情况下就演变成一个在客户端进行快速修复的挑战，整个设计必须改变，这样事态就变得严重起来了。这样做将会非常浪费时间，特别是考虑到移动生态系统是快节奏的并且通常会是瞬态这样一种情况的时候。

　　本章旨在介绍安全性测试的概念。首先将从有关测试的概述开始。如果已经对测试工作比较熟悉，可以轻松地跳过这一节的学习；随后，将讨论安全性测试以及应用程序安全性测试的方法，即安全审查、手工测试和自动化测试。后面的章节将讨论一些安全性测试样例，可以作为编写测试的基线。本章结尾部分将会讨论开发人员和测试工程师可用于测试用例的开发和安全性测试的工具和资源。

9.1　测 试 概 述

　　在大量具有不同功能、形成因素和版本的设备中，Android 是一个用于测试的最具挑战性的操作系统。获取基本功能并进行用户体验本身就是一个挑战。图 9-1 说明了通常在一个 Android 应用程序开发文档中执行的测试。正如 Bruce Schneier（当代一位伟大的密码学家）所恰当描述的那样，"安全不是产品，而是一个过程（Security is not a product but a process）"，所以可以看到安全性测试已经被增加到应用程序测试的整个生命周期当中。

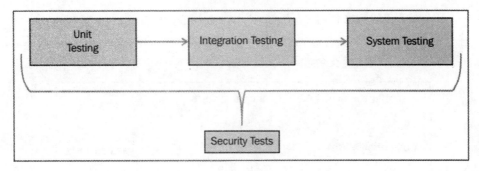

图 9-1

下面将会从 Android 角度出发，分别对各个类别、单元测试、集成测试和系统测试进行介绍。

❑ 单元测试（Unit testing）：大多数情况下，是由编写模块的开发人员开发单元测试。在将他们的代码交给测试工程师之前，开发者应该先编写并对他们的模块进行单元测试。用于单元测试的 Android SDK 和开发 APIs 捆绑在一起，该架构在 JUnit 上实现，这是一个流行的 Java 单元测试架构，单元测试可以很容易地自动化。这些测试包括边界测试、输入验证测试并与后台连接。

❑ 集成测试（Integration testing）：一旦完成单元测试并集成了各种组件之后，就要开始执行集成测试，用以确保各种不同的组件能够在一起正常协同工作。这种测试通常是在当组件被捆绑在一起时执行。假设现在有两个独立运作的团队，一个负责登录模块，而另一个则负责搜索结果页面。在模块开发完成后，这两个团队的成果就要整合在一起，因此必须要执行测试以便检查这两个整合在一起的模块。目前，大多数开发环境都使用持续集成，这种持续集成将会执行将两个模块编译在一起的可用性测试（sanity test）。

❑ 系统测试（System testing）：这些测试是测试整个应用程序并且测试它们如何与 Android 平台进行交互。系统测试的一些场景包括测试在不同的平台如何进行搜索的功能以及 Android 手机上的差异如何影响搜索结果的显示等。

安全性测试应该在测试的每个阶段执行。例如，在单元测试当中，开发人员应该对不一致和不正确的输入值、缓冲区溢出以及用户的访问级别进行测试。

在集成测试当中，工程师可以测试两个模块之间的安全数据传输以及传递错误数据的行为。

在系统测试阶段，工程师可以测试应用程序在不同 Android 平台的外观和行为。就 Android 本身而言，由于 Android 设备的变化以及不同供应商和运营商的应用程序堆功能，这将是一个特别重要的测试阶段。

任何前面提到的测试套件通常都包含一系列不同类型的测试，如图 9-2 所示。应当注意的是，在这里又一次将安全性测试添加到其中。

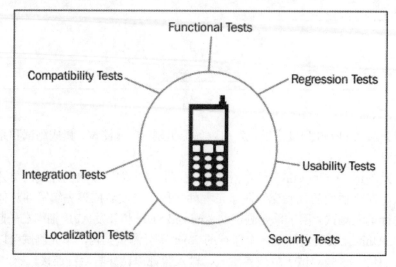

图　9-2

❑ 功能测试（Functional test）：这种类型的测试用以检查应用程序能够按照预期的行为进行执行。例如，当用户输入用户名和密码并按下 Enter 键时，登录功能将对该案例进行功能性测试。如果凭证有效，则用户可以登录到系统，否则将显示一个错误。此时就可以去验证不同出错情况下是否会生成准确的错误消息。

❑ 本地化测试（Localization test）：如今大部分应用程序是全球性的，在不同的国家都是可用的。要支持不同地区，应用程序必须本地化和国际化。本地化是指语言翻译，国际化是指根据特定地区的规范调整应用程序。例如，一个支持日文地址信息的视图（即在支持语言国家列表当中增加日本）。本地化（应用程序）会将其中的 Address Line 1、Address Line 2、City、State、Zip 以及 Country 等提示信息翻译成对应的日文。但是，日本的地址系统与常规的罗马系统不尽相同。用于接收地址信息的界面视图必须重新设计，一些标签可能需要来回调换位置。Android 系统拥有一个非常友好的用户框架，该框架用来存储字符串和可供开发人员充分利用的本地化的界面视图。当开拓应用程序新市场时最好是与本地化专家咨询以便能够更好地实现本地化。

❑ 可用性测试（Usability test）：也称为 UI 测试，这些测试专注于用户界面的外观，并确保用户很容易输入或阅读屏幕上的信息、改变应用程序的外观形状和通用流程。对于一个屏幕空间受限或屏幕尺寸不同的设备来说，可用性测试是非常重要的一个环节。

❑ 硬件兼容性测试（Hardware compatibility test）：该测试套件针对在不同的设备上用于应用程序硬件特性进行测试。例如，如果一个应用程序使用设备的摄像头，应该执行测试检查代码是否能正常工作在不同设备的摄像头上，这些摄像头有不同的对焦能力。

❑ 回归测试（Regression test）：通常所指的是这样的一些自动化测试，它们会伴随在应用程序的每一个变化之后出现，以确保应用程序仍然能够像预期的那样正常工作。例如，在书店应用程序中可能会确定关键部分的功能，如登录、注销、寻找书籍并且添加一本书到愿望清单。每当添加一个新功能或更新现有的特性，都要执行这些可用性测试以确保不出什么问题。

有关安全测试的内容将会在随后的章节当中进行详细讨论。

这些大部分测试用例是串在一起彼此配合工作的。例如，为了测试一个新国家的地址页面，本地化测试和 UI 测试必须同时进行。

9.2 安全性测试的基础知识

这一部分将会是有关安全性测试的概述。在本节当中将会讨论安全性支柱，讨论可以开发安全性测试的类型。最后的部分将会讨论不同种类的安全性测试。

9.2.1 安全原则

任何类型的应用程序安全性测试都应该遵循如下的安全六原则，即身份验证（Authentication）、授权（Authorization）、可用性（Availability）、机密性（Confidentiality）、完整性（Integrity）和不可抵赖性（Non-repudiation），如图 9-3 所示。第 6 章已经介绍了这些概念以及实现它们。

身份验证是用来识别用户的措施。可以使用来自 Facebook、Twitter、LinkedIn 和 PayPal 等公司的身份验证 APIs。主协议使用 OAuth 和 OpenIDConnect。这些技术用于处理来自应用程序的身份验证任务。对于应用程序开发人员和用户来说这是一个双赢的条件。应用程序开发人员不需要自行去实现模式，转而使用内置的身份验证机制。另一方面，用户不需要与他们所不信任的应用程序分享个人信息。这有助于一些公司开发例如推动网站访问量的计划。这些技术大部分是基于为用户提供一个身份验证令牌。在第 10 章中将会讨论身份验证的一些新进展。

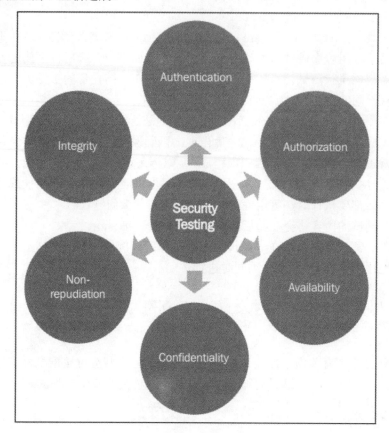

图　9-3

授权是指访问控制，决定用户是否有适当的权限来访问资源。在 Android 当中这可以通过保护应用程序组件的权限和尽可能检查调用者的身份来实现。

可用性意味着数据应该在授权用户需要时可以使用。使用 broadcast 和 Intent 的数据可以确保这个安全措施。

机密性是指保持数据安全并且仅向目的方进行展现。加密数据、使用适当的权限以及符合 Android Sandbox（沙箱）机制可以帮助这个安全措施。

完整性意味着数据无论在传送状态还是在静止状态都没有被修改。一旦数据被篡改，此类篡改就会被识别出来。无论在传送状态还是在静止状态，添加消息摘要、数字签名和加密数据都有助于保证数据的完整性。

不可抵赖性可以通过使用数字签名、时间戳和证书，确定发送者不能否认所发送数据。在第 6 章中所讨论的 DRM 就被实现用于保证用户无法否认接收的内容。

9.2.2 安全性测试类别

请牢记上述安全原则。安全性测试可以分为如下 3 类：应用程序审查、人工测试和动态测试（自动化测试）。

1. 应用程序审查

安全性测试的第一步是应用程序审查过程。该过程侧重于理解应用程序、识别硬件、不同的技术以及应用程序所使用到的功能。一旦这些特征被识别，审查者会试图访问这些功能当中的安全漏洞。审查过程识别在清单文件中声明当中存在的问题、使用已经破解的或者是弱加密的密码、不安全的协议使用以及在开发过程中可能漏掉的技术性和硬件的安全问题。它涵盖了合规性和标准，以及它们被适当地使用等多方面的内容。

在清单文件中能够被识别出的一些安全问题的例子包括清单文件中多余的权限，这些权限通常为应用程序不需要但被添加用于调试的目的、非保护组件使用权限、忘记关闭调试模式以及日志等。

合规性是基于用例的。不同的标准被应用于编写应用程序的用例。例如，付款和商业用例应用程序可能着眼于 PCC-DSS（支付卡行业——数据安全标准）。基于地理位置的应用程序必须意识到隐私问题。

如今，安全审计公司开始出现，它们专注于移动应用程序审查过程。如果有疑问可以具体去咨询这些机构。

2. 人工测试

顾名思义，人工安全测试是在开发期间或由测试工程师手工完成。测试工程师会观察在不同场景不同输入的情况下应用程序的行为。这些例子当中包括了通过查看日志来验证是否会有敏感信息被泄露、多次返回前次 Activity 以查看应用程序如何执行、尝试破解应用程序的身份验证方案以及检查用户是否有适当的访问等。诸如 uTest（www.utest.com）等之类的公司可以雇用人工测试人员专门为应用程序执行人工测试。

3. 动态测试

动态测试也称为自动化测试。此类测试是在理想情况下由编写的测试脚本执行。诸如非法输入、压力测试、模糊测试以及边界测试等类的测试都可以很容易地进行自动化测试。这些测试当中的绝大部分可以很容易地成为标准开发/测试周期的一部分；此外，当添加新特性时可以作为可用性测试。可以使用专门从事这一领域的安全公司的服务，例如 Device Anywhere（www.deviceanywhere.com）。

9.3　样例测试用例场景描述

本节试图从安全的角度列举一些很有趣的样例测试用例。这些用例之间没有特定的先后顺序，当为特定用例确定测试用例时，可以以它们作为参考。

9.3.1　服务器测试

移动生态系统非常有趣，它很年轻而且还在不断进化。应用程序可能想发送一组数据到服务器上，但是服务器收到的数据可能截然不同。这其中的原因可能是通信通道的问题，在数据传递过程中由于黑客嗅探并进行了篡改；或者是客户端发送了错误的数据。不管是基于何种原因，仅进行应用程序的测试是远远不够的，服务器端的测试才是应用程序安全性的关键所在。这些测试所关注的是：在服务器端接收到的是否是所需要的、PII 在服务器上是否以明文存储、业务逻辑是否驻留在客户端上并且正常工作等，这正如在第 6 章当中所讨论的一样。

该领域的测试是比较成熟的，拥有大量的示例和工具可用于服务器测试。例如，使用诸如 Nmap 的端口扫描工具可以很容易地检查开放端口和防火墙。

9.3.2　网络测试

基础设施层是移动设备的骨干，它使移动性无所不在。同时，它也带来了新的挑战和测试用例。设备使用不同的协议与服务器通信，其中的每种设备都会相应带来其自身所独特的安全漏洞包。GSM 很容易被破解；WiFi 本质上是不安全的，特别是如果连接到一个恶意的无线热点上。LTE （长期演进，Long Term Evolution）是针对高速无线数据通信的一个新标准。该标准是基于 IP 协议的，但尚未彻底测试过； NFC、蓝牙和 RFID 等近场技术则带来完全不同的测试范例。因此重要的是要测试应用程序正在使用的技术并构建围绕它的测试用例。

9.3.3　保证传输当中的数据安全

如果应用程序使用的是传输层安全性（Transport Layer Security，TLS）来传输数据是最好不过的。但为了确保它被正确实施，要对其进行测试。测试所有客户端和服务器之间的通信是被加密的、没有 PII 或密钥是通过明文传输的；切记序列化和模糊处理是不加密的；确保服务器始终检查证书有效性和证书到期；检查所使用的加密算法和协议对用例是否是通用的和足够安全的。

9.3.4 安全存储

在客户机上不存储私钥、用户名、密码以及其他 PII 等敏感数据一直是一个好主意。在理想情况下，这些信息应该存储在服务器上。如果密钥必须存储在客户端，首先它们不应该以明文存储；其次，它们不应该存储在文件、缓存文件或 SharedPreferences 当中。密钥应该存储在 keystore 和 AccountManager 当中，并且所有敏感信息都应该以加密方式存储。在大多数情况下，可以存储为一个散列值而不是一个密码。

9.3.5 在行动前验证

验证输入、数据以及应用程序的不同组件之间或应用程序之间被传递的调用器。任何 Activity 都可以对 Intent 中的任何数据类型打包，接收组件在响应之前要进行测试和验证。这种情况下的测试将包括传递无效的和错误的数据给一个组件并观察它如何活动。

某些情况下，在响应来自它们的请求之前可以检查调用者身份。使用它，尤其是启动敏感的响应之前，检查调用者身份和即将要用到的数据。

9.3.6 最小特权原则

此类测试包括测试不同应用程序组件的权限，并确保它们有可以正常工作的最小特权。这当中包括检查文件、缓存文件以及 SharedPerferences 可见性以及可访问性的权限；检查其是否真的需要一个 MODE_WORLD_READABLE 或者 MODE_WORLD_WRITABLE 许可。

检查应用程序请求的权限。例如，如果不需要细粒度的位置信息访问，那么可以只要求粗粒度的许可；如果只需要读短信，那就不需要读和写短信的权限。随着消费者越来越意识到移动领域的安全问题，如果应用程序请求的权限没有意义，他们可能会怀疑应用程序的安全性。例如，图书阅览应用程序访问用户联系人列表和设备的摄像头多半是没有意义的。

9.3.7 管理责任

应当注意所在地区的法规制度。被动进入责任诉讼是一件很麻烦的事情，因此应该远离它们。此外，如果使用专注于这些问题的第三方工具和服务是非常有意义的事情，应该尽一切可能去使用这些工具和服务。如果应用程序收集用户数据，务必要确保应用程序已经取得用户的同意，所有要收集到的信息都应该列举出来。例如，《加利福尼亚在线隐私保护法》指出，如果一个应用程序在加州收集信息则必须要公开。

再来看一个处理支付的应用程序用例。这里并没有试图自行开发支付解决方案，而是使用现有的如 PayPal 之类的工具处理用户支付的款项。这方面有例如 PCI-DSS 这样的准则来控制如何使用这些功能。

类似地，可以使用时间测试和工业测试的安全套件和库，而不是自行设计和开发本土安全算法和协议。

注意应用程序在所支持的国家区域里面是如何使用的。不同的国家有不同的规章制度，其 PII 定义也是不同的。

9.3.8　清理

首先，不要将敏感信息记录到日志信息当中。在发布应用程序之前，请确保关闭调试状态。清理所有来自文件、cookies 和缓存的敏感信息，即内存归零。

9.3.9　可用性与安全性

在可用性和安全性之间进行权衡是一门复杂且微妙的艺术。应用程序可能会鉴于方便性而保存用户名、密码以及会话令牌，但这么做也会降低安全性。如果应用程序具有记忆用户标识的某些功能，那么就要权衡便利性和安全性。这可能需要决定限制会话长度并限制让 cookies 和令牌存活多久。

9.3.10　身份验证方案

这里的问题是是否需要去验证设备或用户。设备有可能会丢失或被盗，根据诸如 IMEI、IMSI、UDID 之类的设备特性来识别用户可能不是一个很好的身份验证方案。应该具备远程消除和重置功能。通常一些开发者可能喜欢采用基于生物统计学的身份验证机制或双要素身份验证方案对用户进行身份验证。

9.3.11　像黑客一样思考

像黑客一样思考，测试黑客如何试图破解应用程序。使用可用的工具和互联网已经列出的安全漏洞，用黑客使用的工具来测试应用程序，可以透露黑客会看到什么、他们将会得到什么信息、他们什么时候会试图破解应用程序之类的信息。有一些现成的工具可以用来监控通过应用程序的网络流量，如 Fiddler（www.fiddler2.com）等。重要的是要记住，混乱的代码不会很安全。

9.3.12 谨慎集成

无论是否集成硬件（包括内部和外部）或第三方应用程序，一定要小心。

如果应用程序使用一些硬件组件如相机、蓝牙、NFC 芯片、加速计（accelerometer）、麦克风或 GPS，那么测试它们的安全性是很重要的。任何硬件的缺陷都会影响应用程序的整体安全。

同样，一个第三方库的错误可能导致应用程序被破坏。当结合这样一个外部库时，首先要去查看这些组件的测试结果、检索在线情况并寻求适当的建议。

9.4 安全测试资源

本节侧重于可以创造性地应用于测试应用程序安全的工具、技术以及其他的一些资源。

9.4.1 OWASP

开放式 Web 应用程序安全项目（Open Web Application Security Project，OWASP）是一家致力于移动安全的组织。它们提供移动安全领域内的工具和研究成果。有关该组织的详细信息，请参见网站 https://www.owasp.org。这是一个搜寻安全相关问题的好地方，有助于开源、创新以及参与移动安全的讨论。OWASP 每年都会编制十大安全漏洞列表，其社区的工作非常具有挑战性。

9.4.2 Android 工具

Android 提供了一系列的工具，可以创造性地用于测试应用程序。除了测试工作以外，这些工具还可以帮助开发人员调试应用程序。

1. Android Debug Bridge

Android Debug Bridge（ADB）可用于记录日志、内存检测和许多其他用途。可以查看开发人员网站上的应用系统开发包（Application Development Kit，ADK）提供的完整的功能清单。图 9-4 中所展示的是一些运行当中的 ADB 示例。

```
LM-SJN-00713218:platform-tools prarai$ ./adb logcat
I/AccountTypeManager( 313): Loaded meta-data for 1 account types, 0 accounts in
 275ms(wall) 25ms(cpu)
D/dalvikvm( 257): GC_CONCURRENT freed 216K, 4% free 9202K/9543K, paused 5ms+21m
s
D/Launcher.Model( 168): Reload apps on config change. curr_mcc:310 prevmcc:0
E/WindowManager( 77): Window Session Crash
E/WindowManager( 77): java.lang.IllegalArgumentException: Requested window and
roid.os.BinderProxy@415a3d80 does not exist
E/WindowManager( 77):        at com.android.server.wm.WindowManagerService.wi
ndowForClientLocked(WindowManagerService.java:7163)
E/WindowManager( 77):        at com.android.server.wm.Session.setWallpaperPos
ition(Session.java:360)
E/WindowManager( 77):        at android.view.IWindowSession$Stub.onTransact(I
WindowSession.java:419)
E/WindowManager( 77):        at com.android.server.wm.Session.onTransact(Sess
ion.java:111)
E/WindowManager( 77):        at android.os.Binder.execTransact(Binder.java:33
8)
E/WindowManager( 77):        at dalvik.system.NativeStart.run(Native Method)
D/dalvikvm( 168): GC_CONCURRENT freed 337K, 4% free 9972K/10375K, paused 3ms+6m
s
I//system/bin/fsck_msdos( 31): Attempting to allocate 119 KB for FAT
I/ActivityThread( 348): Pub com.android.calendar: com.android.providers.calenda
```

图　9-4

从图 9-4 中可以看出，在这个例子当中使用了 adb logcat 命令查看日志。

2．设置设备

设置高级设置监控 Web 应用程序，可以打开某些高级特性，这些高级特性将有助于在渗透测试期间获得更多的数据。

图 9-5 中显示了如何启用 JavaScript 和插件来检查信息泄漏。

3．SQLite3

使用 SQLite3 实用程序，用户可以浏览其创建的数据库以及其他一些平台附带的数据库。

SQLite 实用程序允许用户查询数据库并检查数据库中的值。这样的数据库查询和检查可以找出例如明文存储 PII 之类的问题。

4．Dalvik 调试监控服务

Dalvik 调试监控服务（Dalvik Debug Monitor Service，DDMS）是 Android 框架提供的另一个重要的工具。DDMS 提供端口转发、屏幕截图、线程和堆信息、logcat 进程、无线状态信息、来电和短信模拟、定位数据模拟等功能。图 9-6 显示了 DDMS 的窗口，在

Android 开发者网站上可以查看详细功能。

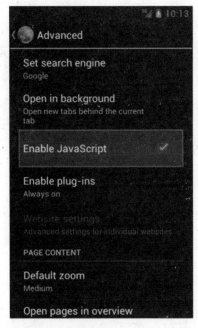

图 9-5

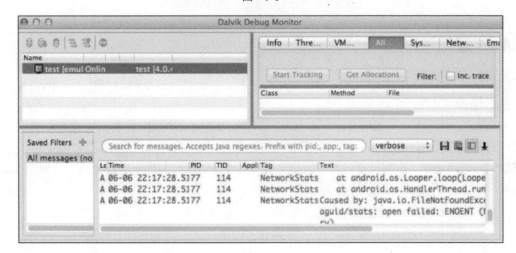

图 9-6

有一些其他第三方工具如 Intent Sniffer 和 Manifest Explorer 等，都是由 iSecPartners（https://www.isecpartners.com）所开发。其他 Linux 工具，如 strace 和 procrank 也可以使

用。还可以使用即将要讨论的 BusyBox。

9.4.3　BusyBox

BusyBox 被称为"嵌入式 Linux 系统的瑞士军刀"，它提供了一些 UNIX 工具，如 vi、whoami、watchdog 等，这些工具可以在非 root 环境下进行测试。在 Android 上安装 BusyBox 非常简单，从 www.busybox.net 下载它即可。

如图 9-7 所示，BusyBox 可以很容易地推送和安装。一旦安装完毕，这些 Linux 命令就可以在其中很容易地执行。

```
LM-SJN-00713218:platform-tools prarai$ ./adb shell
# mkdir /data/busybox
# exit
LM-SJN-00713218:platform-tools prarai$ ./adb push ~/Downloads/busybox /data/busy
box
2742 KB/s (1096224 bytes in 0.390s)
LM-SJN-00713218:platform-tools prarai$ ./adb shell
# cd /data/busybox
# ls
busybox
# chmod 777 busybox
# ./busybox --install ./
# ./vi hello.txt
```

图　9-7

9.4.4　反编译的 APK

反编译一个 APK 并阅读其内容相对比较容易。在这里做这个练习有助于了解黑客如何去对付 APK 文件。

APK 文件只是一个 ZIP 文件，将 APK 文件重命名为一个 ZIP 文件，可以用任何 ZIP 文件浏览器打开它。这些工具都可以在/data/app 目录中得到。也可以使用 adb pull 命令把它放到测试环境中，在那里可以看到清单文件、资源、资产和其他一些相关内容，如图 9-8 所示。

```
LM-SJN-00713218:platform-tools prarai$ ./adb pull /data/app/ApiDemos.apk
3120 KB/s (2720164 bytes in 0.851s)
LM-SJN-00713218:platform-tools prarai$ ▌
```

图　9-8

接下来，使用 Android 提供的 dexdump 工具，/data/dalvik-cache 目录下的类就可以被提取出来，如图 9-9 所示。

```
LM-SJN-00713218:platform-tools prarai$ ./adb shell
# cd /data/dalvik-cache
# ls
data@app@com.example.example1-1.apk@classes.dex
data@app@com.example.example2-2.apk@classes.dex
data@app@com.mycompany.example-2.apk@classes.dex
data@app@com.paypal.android.interactivedemo-1.apk@classes.dex
data@app@com.paypal.android.pizza-2.apk@classes.dex
data@app@com.paypal.android.simpledemo-2.apk@classes.dex
data@app@com.paypal.example.android.ppaccess-1.apk@classes.dex
data@app@com.paypal.paypahhere-2.apk@classes.dex
```

图 9-9

例如，要提取 data@app@com.example.example1-1.apk@classes.dex 中一个文件名为 dump 的文件，可以使用如下命令：

```
Dexdump -d -f -h data@app@com.example.example1-1.apk@classes .dex > dump
```

图 9-10 是 dump 文件收集到的数据的屏幕截图。

```
catches       : (none)
positions     :
  0x0000 line=312
locals        :
  0x0000 - 0x0005 reg=1 this Landroid/support/v4/view/ViewCompat$JbMr1View
CompatImpl;
  0x0000 - 0x0005 reg=2 view Landroid/view/View;
#1            : (in Landroid/support/v4/view/ViewCompat$JbMr1ViewCompatImp
l;)
name          : 'setLabelFor'
type          : '(Landroid/view/View;I)V'
access        : 0x0001 (PUBLIC)
code          -
registers     : 3
ins           : 3
outs          : 2
insns size    : 4 16-bit code units
catches       : (none)
positions     :
  0x0000 line=317
  0x0003 line=318
locals        :
  0x0000 - 0x0004 reg=0 this Landroid/support/v4/view/ViewCompat$JbMr1View
CompatImpl;
  0x0000 - 0x0004 reg=1 view Landroid/view/View;
  0x0000 - 0x0004 reg=2 id I
source_file_idx : 1574 (ViewCompat.java)

#
```

图   9-10

这个 dump 是跳转语句的形式，阅读起来相对生涩一些。DEX 文件反编译工具如

baksmali 或 dedexer 可以增强这些文件的可读性。

9.5　小　结

　　安全测试是一个相对年轻的领域。模式和测试策略仍在不断进步当中，安全被认为是确定应用程序弱点和提高应用程序质量的一个重要指标。这一章将前面所有章节学习到的内容放到一起，并用它们来定义应用程序的测试用例。

　　本章从测试基础概述开始，讨论了在测试用例中涉及的六大安全支柱。一些讨论过的测试用例可以为测试应用程序奠定基础。最后以讨论用于安全测试的资源和工具结束这一章。

　　接下来是本书的最后一章，看看 Android 世界里有什么崭新的和正在发生的东西挑战安全基础。

第 10 章　展 望 未 来

请注意！本章内容不但妙趣横生，并且还将会尝试对未来的发展方向进行大胆的预测。

移动领域是一个相对较新的领域。它尚处于实验阶段，一些技术和用例已经成功付诸实现了，而同时另外一部分则可能不会像预期那样带来更多的惊喜。本章着眼于移动领域的一些新技术和用例。

本章当中的每节都将会讨论一些移动技术或用例的实验。首先将从有关移动商务的讨论开始，重点关注使用移动设备进行产品发掘、支付以及销售等。接下来将会讨论近场感应技术，如 NFC、RFID 和蓝牙等。随后，将会讨论移动在卫生保健和身份验证的使用。最后一部分将会从安全的角度来讨论硬件的最新进展。

10.1　移 动 商 务

消费者行为正在改变着商务行为。如今商务不仅仅是类似这样的一个简单的动作：去一个批发商或商店那里，选择一个产品并支付它。如图 10-1 所示，随着新技术的出现，移动商务将会涵盖通过使用地理围栏（geo-fencing）的产品发掘、店内调查以及在线调查、采用自扫描和自动检测的支付、与朋友分享购买的东西并随后进行账户的管理等多方面。甚至还能从中发现在线商务与离线商务之间的一个模糊界限。

在接下来的几个小节中，将会从安全的角度来讨论不同的商务组件。

10.1.1　使用移动设备进行产品发掘

产品发掘即寻找某种产品的过程。商家使用不同的机制把客户带到他们的零售店或鼓励客户在线购买。产品发掘也包括购物清单、购物比较以及促进消费者购买产品的产品信息等功能。移动设备在这种情况之下是较为理想的工具，可以让消费者实时访问产品信息并检查产品的可用性。

在移动领域的一些示例应用程序包括条形码扫描、基于位置信息的购物、精准广告投放、用户在零售店获得的积分和返利、创建购物清单、当在用户接近包含某个购物清单项的商店时的信息提醒以及在电子钱包存储优惠卡等功能。

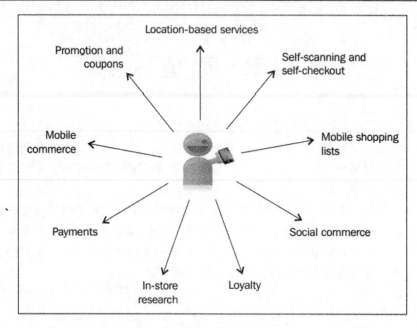

图　10-1

从安全的角度来看最大的挑战是隐私。精准广告投放和地理围栏技术是基于用户数据的分析和购物模式的。在收集用户数据和偏好信息，并在之后使用或分享这些信息时，应用程序的开发人员应当要了解法律法规。几乎在所有情况下收集信息之前都需要征得用户的同意，这个同意声明应该包括收集什么样的信息以及这些信息是否会与第三方进行分享。当添加新功能，或者是更新、扩展现有功能时要注意更新用户的同意声明。

10.1.2　移动支付

支付是移动商务最大的组成部分。在任何支付的用例当中，都包含 3 个主要的实体，即消费者，也称为买方；卖方或商家；能提供支付的基础平台。

1. 配置

消费者可以使用移动设备来搜索和购买一个产品，商家也可以使用移动设备来拓展业务，甚至是消费者和商家均可以使用移动设备。理想情况下，前述的所有 3 个实体在交互当中都是相互连接的，这是完全连通性情况下迄今为止最安全的支付渠道。用户从 eBay 的移动网站购买某个产品就是完全连通性的一个例子，如图 10-2 所示。

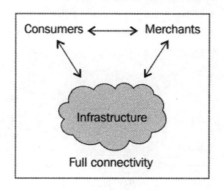

图　10-2

　　不过，在某些情况下，这三者之间的连接可能会断开。其中之一情况就是，消费者和商家都分别连接到基础平台但彼此并不连接，这就是以基础平台为中心的连通性。例如地理围栏技术，当用户接近某家店铺时会得到该商店的优惠券，在这种情况下，商家和用户通过基础平台（第三方或承运人）进行会话，但二者之间并不互相进行直接会话。又如，当用户通过销售终端利用某种装置结账时，用户使用的装置将作为身份验证机制，但该装置可能不会与基础平台层连接，这是以商家为中心的连通性，商家在此则连接了消费者和基础平台层，但消费者却没有和基础平台层连接。此外，还有一种情况：一个消费者同时和基础平台层和商家会话，但此时商家与基础平台层是断开连接的。例如，当一个用户从自动售货机当中购买苏打饮料时，自动售货机可能会在某个特定时间间隔与后端同步，而在其他时候会断开连接。图 10-3 说明了这其中的部分连通性配置。

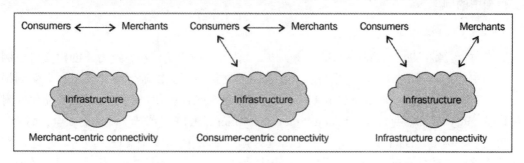

图　10-3

　　部分连通性当中的基本安全挑战是端到端的安全。由于在任意时刻上这 3 个连接当中的两个，无论是客户端或服务器端的历史状态都是很难检测到的，随后会在消费者——商户身份验证、通信认证和隐私中出现某些问题，如图 10-4 所示。

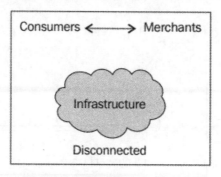

图　10-4

另外，还会有断开连接的情况。此时，商户和消费者之间会相互会话，但同时均不与基础平台层进行会话。在这种情况下维护设备的完整性就成为了一种挑战。例如，一个消费者试图在销售终端使用优惠券。

消费者可能会继续多次使用优惠券，POS（Point of Sale）终端则因为不能同步到服务器更新优惠券的使用状态而无法检测到欺诈行为。类似地，客户端证书可能过期或被撤销，但商户的设备却没有意识到这一点。如果应用程序在这种情况下开始工作，在离线状态下的可用功能就十分有限。涉及 PII 或者资金的问题时，最好还是要保持完整连通性或者是至少能够保证部分连通性。

从应用程序的角度来看，开发人员应该意识到所开发用例的工作原理。如果应用程序可以使用部分连通性或着干脆不使用连通性，那么就需要采取额外的安全措施来处理支付当中的问题。

2. PCI 标准

支付卡行业（Payment Card Industry，PCI）是一个独立的组织，致力于创建支付用例过程当中的安全意识。该组织开发了一套通用的支付标准，以确保用户安全不会受到损害。PCI 的个人识别密码交易安全（PIN Transaction Security，PTS）是用于接收支付的附加设备；PCI 的点对点加密（Point to Point Encryption，P2PE）是基于硬件的安全；而 PCI 的数据安全标准（Data Security Standard，DSS）则针对的是安全管理、政策、程序、网络体系结构、软件设计以及其他重要的保护措施。其最新版本是 2.0，帮助组织有效地保护用户数据。它有 6 个核心目标，这些核心目标被实现为 12 个核心的需求，如表 10-1 所示。

作为负责处理支付行为的应用程序开发人员来说，要特别注意 DSS 的使用。对支付行为的处理往往都是比较棘手的，让它们以一种安全的方式正确支付本身就是一个挑战。

所以，开发人员可能希望使用已经存在的支付提供商，例如 PayPal 等。关于 PCI 的更多详细内容可以浏览 pcisecuritystandards.org 站点。

表 10-1

目 标	需 求
建立并维护安全网络	安装并维护防火墙
	不要使用提供商所提供的默认系统密码及其他安全参数
保护持卡人数据信息	保护已存储的持卡人数据
	在开放的、公共网络当中加密传送持卡人数据
维护漏洞管理程序	在通常会被恶意软件影响的所有系统当中使用并定期更新反病毒软件
	开发并维护安全系统和应用程序
实现强访问控制措施	通过业务按需知密（need-to-know）方式限制对持卡人数据的访问
	为每个具有计算机访问权限的人分配唯一 ID
	限制对持卡人数据的物理访问
定期监视并测试网络	跟踪并监视对网络资源以及持卡人数据的所有访问
	定期跟踪系统及过程
维护信息安全策略	维护解决信息安全的策略

3. 销售终端

无处不在的移动设备及其使用在本章开始所讨论的近场感应技术，使得移动销售终端（POS）的应用成为可能。在这种情况之下，移动设备基本上充当一个销售终端，可以管理总账和每天所有的交易。诸如 PayPal 和 Square 等公司所提供的解决方案是使用电话音频插头插入某种卡片的刷卡设备，然后这个设备读取信用卡的详细信息，并以一种加密形式将其发送到设备。其他的解决方案还包括移动销售终端。

作为应用程序开发人员，最好是与现有的成熟解决方案进行集成，而不是试图自行去解决相关问题。不过，在选择某种解决方案之前记得要考虑一些问题。首先，需要确定该解决方案提供商是否采取了适当的安全措施来加密数据。正如在前面的内容当中所讨论的那样，请注意 PCI DSS 和 PCI PTN 的使用。负责处理、存储或发送信用卡号码的零售商必须兼容 PCI DSS，否则会有丧失信用卡支付功能的风险。由于基础平台在信用卡之间以及在不同的国度之间存在差异，因此需要使用不同的技术来读取信用卡/借记卡信息。例如，在欧洲，使用芯片和 PIN 技术是常见的。因此，POS 支付服务提供商应该在各种场景之下都有对应的解决方案。此时可能会倾向于选择某个供应商，用以管理信用卡、支票、现金以及其他形式的支付。

图 10-5 显示了一些移动销售终端解决方案的例子，其中显示的是在北美的 PayPal 读卡器以及管理所有支付模式的应用。

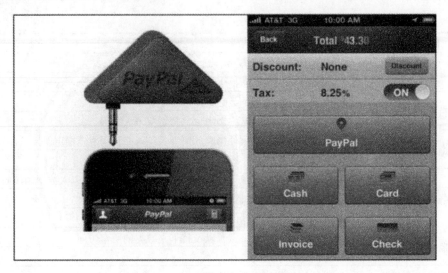

图　10-5

图 10-6 是 PayPal 的 PIN 和芯片在欧洲通过使用蓝牙工作的解决方案。

图　10-6

图 10-7 是移动销售终端的另一个例子。最常见的情况是将支付操作提交给代理机构以及销售代表来进行处理。

图　10-7

10.2　近场感应技术

近场感应技术工作半径以英寸或厘米为单位，这当中包括近场通信（Near Field Communication，NFC）、蓝牙以及无线射频识别（Radio Frequency Identification，RFID）等技术。这些技术的大部分已经实际应用了一段时间，但无处不在的移动设备给予这些技术大量新型使用场合。与各种不同的设备、标识和身份验证配合，这些技术现在被应用于移动支付。

蓝牙技术现在是大多数手机的一个标准，这是一项非常棒的与设备进行配对的技术。例如即将上市的智能眼镜以及手表装置，该技术可能会是将这些智能装置连接在一起的主流技术。

NFC 和 RFID 通过产生一个调节在某一特定频率的电磁场来实现通信。由于这些标签是完全可读的，当用于标签或身份识别机制时，这些标签会造成一定的隐私风险。作为第一款支持 NFC 的 Android 手机，Nexus S 出现在 2010 年。使用 NFC 标签时 Android SDK 通常是和 API 捆绑在一起的。

鉴于这些技术通常的操作范围都很小，因此近场感应技术被错误地认为是安全的。

然而事实却并非如此。通过快速搜索就不难发现类似的场景随处可见。数据调制、数据干扰以及隐私等都是与这些技术有关的风险。

10.3　社　交　网　络

如今，一系列的社交网络应用存在于应用商店当中，并且每天都有新的用例被测试。这些应用让朋友、熟人、邻居、同事，以及具有特殊爱好的人分享、合作，并在本质上与彼此保持联系。这当中的一些成功的例子包括 Facebook、Twitter、Pinterest、Google Hangout、LinkedIn 等。

社交网络以网络图形的形式将各个实体连接在一起。图中的任何不良节点都有可能会成为垃圾节点或感染其他节点。如图 10-8 所示，节点 A 和节点 B 之间的信息已经被拦截和修改，这将导致所有与节点 B 相连的节点都会被感染。这样的行为进一步持续下去，就不难想象出感染将会通过这些节点很快蔓延开来。

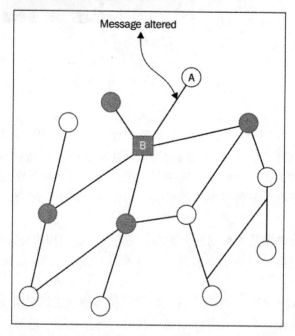

图　10-8

社交网络应用最大的挑战是隐私问题。第一，用户必须注意他们与联系人之间所分享的内容。因为在大多数情况下，用户都会使用他们的真实姓名和其他私人信息。

第二，用户需要注意垃圾邮件和恶意软件。不是每个人都是你的朋友，并不是所有你朋友玩的游戏都是善意的程序，也不需要单击所有所关注的人所分享的链接。

第三，应用程序开发人员必须注意如何存储和处理用户的敏感信息。第一道防线是专门询问用户想要分享的信息以及分享的对象。用户同意声明当中应当保存开发商的责任问题。其次，必须要基于用户偏好定义适当的访问控制。再次，必须确保用户详细信息和个人验证信息 PII 都能安全的存储或传输。

社交网站的另一个问题是身份盗窃。对于恶意用户来说，可以很容易地创建一个账户并使用别人的身份。

10.4 医 疗 保 健

为医疗保健开发移动应用程序是安全敏感用例的又一个例子。在医疗保健用例中，开发人员处理用户身份识别、电子医疗记录、实验室检测以及处方药物等。这些信息的修改可能会直接影响患者的健康。

移动设备是个人用品并可以随时携带，因此在医疗保健方面它可以广泛使用。例如，提醒按时吃药、医生出诊、医生和病人双方的问诊记录、即时通知化验结果、提醒处方药需要补充等方面，都是重要而有用的应用。

移动设备也可以在紧急情况下使用，其他人可以借助移动设备帮助患者解决问题。用户可以共享实时视频并通过和医生的实时对话获得帮助。

其他医疗保健方面的发展是 Android 平台在嵌入式设备的应用，如扫描仪、放射学、X 光机、机器人手术和超声波设备等。

精准识别对象在医疗保健方面是至关重要的。同时还需要注意这个重要的安全规则：信任但要核查。所以，需要反复确认以保证所识别的对象是准确的。个人验证信息的访问控制以及安全存储和传输同样是重要的。

注意医疗健康领域内的标准和法规，如健康保险流通与责任法案（Health Insurance Portability and Accountability Act，HIPAA）。

10.5 身 份 验 证

身份验证是识别一个实体的行为。在本章的例子当中，身份验证通常会与识别一个人相关联。目前的身份验证方法是通过使用用户名和密码进行验证。鉴于密码会比较复杂并且难以在小型设备输入，所以可以使用电话号码和 PIN 对用户进行身份验证。

10.5.1　双要素身份验证

如今最常见的方法是双要素身份验证（two-factor authentication）。这是基于识别一个人的唯一性理论的基础之上的。通常识别一个人应该提供以下 3 个标识符当中的任意两个。

❑ 用户拥有的东西：这包括数字签名、安全令牌、手机、标签等。
❑ 用户知道的东西：包括密码、口令、PIN 码或者回答一个只有用户预先知道的问题等。
❑ 一些用户才有的东西：如视网膜扫描、指纹和面部识别等。

双要素身份验证的一个例子是使用用户名/密码登录，或者使用电话/PIN 码以及随后输入一个以手机短信形式发送到用户设备的验证码进行登录。另一个例子是输入一个用户名和密码，然后回答一个挑战性问题，如图 10-9 所示。

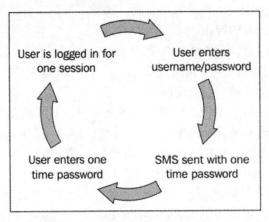

图　10-9

在 Android 设备当中实施双要素身份验证是很容易的。Google 使用手机短信或语音电话实现双要素身份验证。

10.5.2　生物识别

生物识别技术利用用户特有的生物特征对其进行识别，包括使用指纹、面部识别、视网膜扫描和虹膜扫描。基于虹膜扫描，印度实现了世界上最大的被称为 Aadhar 的识别系统。通过使用他们的人口统计和生物识别信息，这个雄心勃勃的项目将给印度所有 5 岁以上的公民提供一个唯一的编号。有关这方面的详细信息，请参阅印度唯一身份识别管理局（Unique Identification Authority of India，UIDAI）的官方网站 www.uidai.gov.in。

　　有一些 Android 设备上的应用程序使用生物识别作为密钥。使用这样的应用程序首先要考虑的是确保用户识别特征不存储在设备上；第二，如果这个信息是存储在服务器上，它是怎样传输和存储的？第三，如何访问这些信息呢？

提示：生物识别技术和双要素身份验证不一样。对于后者，可以很容易地改变密码或更新用户的RSA安全标识令牌。生物识别技术是针对个人的，对个人信息的修改会带来巨大的风险。

　　下面的两个场景当中分别使用了生物识别技术。在第一种情况下，用户通过使用一些生物属性进行验证，如指纹。这是和存储在设备上的副本进行对比。用人脸解锁手机就是一个验证例子，如图 10-10 所示。

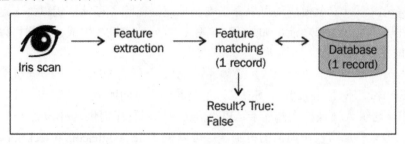

图　10-10

　　第二种情况是身份证明，在这里的生物识别身份是对数据库中存储的身份进行匹配。生物识别系统在印度的实施就是这样一个例子。图 10-11 说明了这个过程。

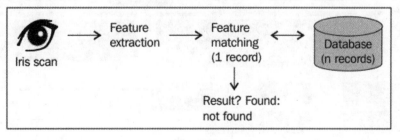

图　10-11

10.6　硬件的进展

　　移动操作系统已经发展了相当长的一段时间了。最开始使用手机时，主要都是些直板手机，其功能多用于打电话，此外还有一些基本的应用，例如计算器以及用于显示时间和日期的小部件。为了支持移动的先进应用，安全必须立足于硬件本身。在下面的章节当中将会讨论这方面所取得的进展。

10.6.1　硬件安全模块

硬件安全模块，也称为安全元素，是一块嵌入到硬件用于存储加密密钥和其他敏感信息的硬件（芯片）。这个想法是为存储 PII 提供一个独立的、防篡改的环境。在某些情况下，一个安全元素可以和设备一样随身携带。安全元素的例子包括一个由移动网络运营商控制的增强版 SIM 卡、嵌入设备的芯片，或者是用特殊电路内置的微型 SD 卡。许多 Android 手机都配备了一个安全元素。

在某些情况下，安全模块还可以充当安全加速器。除了存储密钥以外，这些加速器也会在硬件里面执行加密功能，如加密、解密、散列和随机数生成，这样可以大大减轻CPU 的负担并提高性能。

开发人员要使用一个安全元素，必须通过 API 公开。Android 的安全元素评估工具（Secure Element Evaluation Kit，SEEK）是朝着这个方向所迈出的坚实一步。基于开放的移动 API，这组 API 被称为智能卡 API，旨在为应用程序提供一种与嵌入式安全元素、SIM 卡或其他设备加密模块通信的机制。这可以在 code.google.com/p/seek-for-android 查看更多的详细信息。图 10-12 来源于 code.google.com，非常有效地演示了 SEEK 的概念。

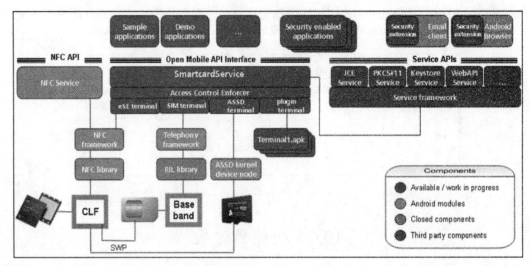

图　10-12

基于 Android 的许可机制，智能卡 API 需要一个名为 android.permission.SMARTCARD
的特别许可，以允许应用程序访问这些 API。智能卡 API 的远程处理使用智能卡的唯一
UID/GID 进行注册。需要注意的是，该安全机制不会运行在一个经过 root 的设备之上。
GoogleOtp Authenticator 在智能卡 API 上使用双因素认证。

10.6.2 信任域

由 ARM 公司所开发的，目前由 GlobalPlatforms 所维护的信任域（TrustZone）技术
是设备完整的安全解决方案。信任域基于片上系统（systems-on-chip），为诸如支付、内
容流和管理、访问控制以及其他 PII 等应用程序提供了一个可信任的执行环境。信任域的
功能是可以让每个应用程序都运行在完全彼此隔离的自包含环境中。这可以在
www.arm.com/products/processors/technologies/trustzone.php 上查看更详细的信息。图 10-13
来自于该网站，演示了这种技术的高级视图。诸如来自 Texas instruments 以及 Nvidia Tegra
的许多移动处理器的核心都是建立在信任域技术之上。

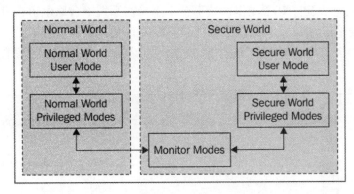

图　10-13

如图 10-14 所示，这当中使用了虚拟化技术，将处理器分为两个虚拟区：一个用于正
常模式；另一个用于安全模式（执行敏感的过程）。通过使用一个监控器模式，过程转
换将从一个模式到另一个模式。所有敏感的代码、数据和资源，都在远离设备的正常操
作环境、软件和内存上处理。这种隔离是执行 SoC 架构的，所以可以很好地防止软件和
探测攻击。

10.6.3 移动信任模块

2010 年，可信计算组织（Trusted Computing Group，TCG）发布了 1.0 版本的移动可

信模块（Mobile Trusted Module，MTM）。TCG 是一个开发标准和规范的国际标准组织。MTM 的目标是适应现有的用于移动和嵌入的 TCG 技术。

可信计算基于硬件根源可靠性（root of trust），从而被称为可信平台模块（Trusted Platform Module，TPM）。它检测恶意软件和检查系统的完整性。这种功能被称为是可信平台模块。TPM 的安全从启动过程开始。硬件根源可靠性（通常是一个密钥）被内置在处理器本身当中。启动安全就是建立在这种根源可靠性之上。启动软件的不同阶段都被用密码进行验证，以确保在设备当中执行的是唯一正确的、授权的软件。

要查看更多详细信息，可以查阅网站 www.trustedcomputinggroup.org，在该网站当中将会有更多和内核开发相关的东西，这对任何人来说都是一次非常有趣的阅读经历。

10.7　应用程序架构

目前编写应用程序有 3 种方法：原生、移动 Web 以及混合方式。

原生应用程序特定于某个操作系统平台，用操作系统平台原生语言进行编写。这些应用程序使用系统远程工具和操作系统制造商提供的 SDK，具有更好的性能，可以为安全数据存储使用系统原生功能及 API。图 10-14 展示了原生应用程序和混合应用程序的工作原理。

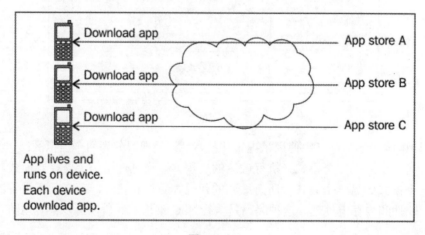

图　10-14

移动 Web 应用程序利用 Web 技术编写，如 HTML5、CSS、PHP、JavaScript 和 ASP.NET 等。这些应用程序通常都是跨平台的，而且一旦被编写它们可以在任何具有浏览器的平台上运行。这样实施的优点在于便于集中更新，但同时也继承了所有浏览器的漏洞。当编写一个移动 Web 应用程序时要注意浏览器的使用，对每个人来说都很容易看到浏览器代码。同时，当设备上不存在应用程序并且只可以通过使用一个有效的 URL 进行访问时，URL 的使用在这些应用程序里是存在风险的。图 10-15 说明了移动 Web 应用程序的工作原理。

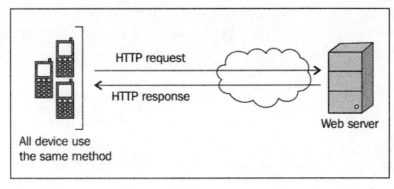

图   10-15

第三种编写应用程序的方法是开发一个混合应用程序。这个应用程序结合了原生和移动 Web 两者的优点。使用网页技术，应用程序只需写一次，用户需要安装的应用程序就像一个原生应用程序，它通过使用设备的浏览器引擎而运行在本地浏览器中。通过这种方式，应用程序可以在离线模式下运行、可以访问设备的功能、开发人员可以针对多个平台等。

决定选择使用哪个架构取决于所使用的用例。原生应用程序比混合或移动 Web 更安全，在速度和用户体验方面也表现得更好。反过来看，混合和移动 Web 应用程序可以更容易并且更快地通过使用 Web 技术和跨平台开发。

10.8 小   结

本章关注即将来临的一些应用场景和技术以及它们通常是如何关联移动安全的。在其中讨论了移动商务、近场感应技术、移动医疗保健安全和身份验证，最后以硬件方面的安全增强作为本章的结尾。

到此为止，已经完成了本书的学习，希望读者从中了解新知识，也希望读者像作者享受撰写过程一般，愉悦地享受阅读之旅。